Introduction to Plants in
Central Somaliland

Hordhac ku saabsan dhirta ka baxda badhtamaha
Soomaalilaand

SECOND EDITION 2024

Introduction to Plants in Central Somaliland

Hordhac ku saabsan dhirta ka baxda badhtamaha Soomaalilaand

SECOND EDITION 2024

Ahmed Ibrahim Awale,
Faisal Jama Gelle and Helen Pickering

BRIT
PRESS

Acknowledgements

The authors thank the Somaliland Ministry of Environment and Climate Change for facilitating the project by providing permits for research and the export of specimens to *The Royal Botanic Gardens, Kew*. We appreciate the support of Mary Barkworth from the *Somaliland Biodiversity Foundation* for her role in initiating and supporting the project and the *University of Hargeysa*, for providing space, tools and material resources necessary for specimen collection and identification. We would also like to thank Abdimajid Ali Elmi from the *University of Hargeysa* for his contribution to the field research. In addition we thank the Special Police Unit personnel, Osman Mohamed Ibrahim and Osman Elmi Yusuf Hassan, whose sharp eyes and plant knowledge added considerably to the information collected. Drivers Abdurizak Haji Dahir and Yasin Mohamed Jama were active team members.

In England we are grateful for the help given by staff and research associates at the Herbarium of the Royal Botanic Gardens, Kew, in particular: Jane Browning, Tom Cope, Iain Darbyshire, Shahina Ghazanfar, Mike Gilbert, David Goyder, Nicholas Hind, Kai Vollesen, John Wood and the curators of the Africa team for help with plant identification. We are also grateful to Matts Thulin, editor of *The Flora of Somalia*, for his support of the project and help with naming. Thanks go to Lucas Majure from the *Desert Botanical Garden, Phoenix, Arizona* who identified the Opuntias.

Mahadnaq

Qoreyaasha buuggani waxa ay mahad u gudbinayaan Wasaaradda Deegaanka iyo Horumarinta Miyiga ee Somaliland fududaynta howlaha mashruuca buuggan; sida bixinta oggolaansho cilmi-baadhiseed iyo qaadidda muunado dhirta ka mid ah si loogu soo baadho *The Royal Botanic Gardens, Kew.* Waxa aannu qaddarinaynaa gacanta ay mashruucan ka gaysatay Mary Barkworth oo ka tirsan *Somaliland Biodiversity Foundation*, iyo sidoo kale *Jaamacadda Hargeysa.* Waxa mahad kale naga mudan Cabdimajiid Cali Cilmi oo ka socday Jaamacadda Hargeysa doorkiisiii safarradii hawshan. Sidoo kale, waxa mahad naga mudan Cismaan Maxamed Ibraahin iyo Cismaan Cilmi Yuusuf Xasan, oo ka tirsan ciidanka booliska Somaliland oo nagu weheliyay socdaalladayadii dalka gudihiisa, oo weliba aqoontooda dhirta iyo fiiro-dheeraantoodu wax weyn ku kordhisay buugga. Wadeyaasha Cabdirisaaq Xaaji Daahir iyo Yaasiin Maxamed Jaamac ayaa iyana kaalin wax-ku-ool ah ku lahaa howshan.

Dalka Ingiriiska, waxa aannu u mahad naqaynaa shaqaalahaha iyo cilmibaadheyaasha xarunta keydka dhiroonka ee *Royal Botanic Gardens, Kew*, gaar-ahaan: Jane Browning, Tom Cope, Iain Darbyshire, Shahina Ghazanfar, Mike Gilbert, David Goyder, Nicholas Hind, Kai Vollesen, John Wood iyo keyd-hayeyaasha *(curators)* dhirta Afrika ka-qayb-qaadashoodii aqoonsiga dhirta. Sidoo kale, waxa mahad naga mudan Matts Thulin, tifaftiraha *The Flora of Somalia*, gacantii uu ka gaystay mashruuca siiba xagga aqoonsiga dhirta iyo ugu dambayn Lucas Majure oo ka tirsan *Desert Botanic Garden, Phoenix, Arizona* oo aqoonsaday jaadadka tiinka (Opuntias).

Credits

Photographs/*Muuqaallada:*	Helen Pickering, Ahmed Ibrahim Awale, Faisal Jama Gelle, Abdimajid Ali Elmi and Garrett Billings.
Identifications/*Aqoonsiga dhirta:*	The Africa team at RBG, Kew; Mary Barkworth, Mats Thulin and Lucas Majure.
Text/*Qoraalka:*	Helen Pickering
Somali Names and Text:	Ahmed Ibrahim Awale
Cover and Book Design/*Habaynta Buugga:*	Michael Sturley
Translation/*Tarjumadda:*	Faisal Jama Gelle

Citation: Awale, A.I., F.J. Gelle, and H. Pickering. 2024. *Introduction to Plants in Central Somaliland.* Hordhac ku saabsan dhirta ka baxda bad-htamaha Soomaalilaand, Second Edition. BRIT Press, Fort Worth Botanic Garden, Botanical Research Institute of Texas, U.S.A.

Classification: 581.4 Anatomy and morphology (Botanic science: 581) Hargeisa Cultural Centre Library (HCCL)
Catalogue Record: **QK 5068 P&A5709 2018** A CIP record of this book is available at HCCL, Hargeysa, Somaliland.
www.hargeysaculturalcenter.org/the-library/

ISBN: 978-1-889878-76-8 Printed in South Korea; prepress UK.

Contents / *Tusmada*

Barleria argentea / Geed Riyood: *Page 15.*

Adenium somalense/ Habartacay, Warab-ka-roon: *Page 28.*

Cadia purpurea / Salamac: *Page 85.*

Senna bicapsularis / Timir Ogaadeen: *Page 92.*

Datura innoxia / Booc Madow: *Page 125.*

Introduction to Plants in **Central Somaliland**

Hordhac ku saabsan dhirta ka baxda badhtamaha **Soomaalilaand**

ORGANISATION OF THIS GUIDE

This photographic guide is designed for the non-specialist. Identifications do not go beyond species level, descriptions avoid technical terms and include only features which can be seen with the naked eye. 150 species are illustrated and identified by both scientific and Somali names, with short descriptions given in both English and Somali. A glossary is provided for the technical terms used. Most descriptions are based on the *Flora of Somalia*. The scientific names used are the same as in the first edition, although research as led to some changes in family placement and names used. The appendix shows the current family placement and names of the species described.

QAABAAYNTA HAGAHAN

Hagahan muuqaallada wata waxa loogu talo galay akhristaha caadiga ah; aqoonsiga dhirtuna ma dhaafsiisna magacyadooda, faahfaahinta waxa laga ilaaliyay ereyo farsamo (technical), muuqaalladuna ma wataan astaamo aan isha qaawan lagu arki karin. Waxa ku gudo jira 150 jaad oo wata magacyadoodii (cilmi iyo Soomaali), muuqaal-ladoodii iyo faahfaahin kooban. Waxa sidoo kale gunaanadka buugga laga helayaa sharraxa ereyada farsamo. Inta badan faahfaahinta dhirtu waxa ay ku salaysan yihiin afarta taxane ee buugga Flora of Somalia. Magacyada sayniska ee nuqulkan ku jiraa waa kuwii la isticmaalay isla daabacaddii koowaad, inkasta oo meelaha qaar isbeddel dhanka qoysaska iyo magacyadooda ah la sameeyey. Lifaaqa ayaa lagu caddeeyey qoysas dhireedka haatan la hoos geeyey dhirta buuggan lagu daabacay.

Introduction

Somaliland is in the Horn of Africa, lying along the southern coast of the Gulf of Aden. It shares borders with Djibouti to the northwest, Ethiopia to the south, and Somalia to the east. It chose to unite with Italian Somalia on June 26, 1960, five days after becoming independent of Britain. However, this union proved to be unsuccessful, leading to civil war in the 1980s that led to the collapse of the Somali government. In response, Somaliland declared its independence in 1991.

Hordhac

Soomaalilaand waxa ay ku taal Geeska Afrika, siiba xeebta koonfureed ee Gacanka Cadmeed. Dhinaca waqooyi-galbeed waxa ay soohdin la wadaagtaa Jabbuuti, dhanka koonfureed Itoobiya, dhanka barina Soomaaliya. Waxa ay doorataay in ay la midowdo Soomaaliyadii Talyaaniga 5 cisho ka dib madax-bannaanidii ay ka heshay Ingiriiska 26 Juun, 1960. Midowgi si fiican uma shaqayn, dagaal sokeeye oo qarxay 1980aadkii waxa uu ku gebageboobey burburkii dawladdii Soomaaliya. 1991 waxa ay Somaliland ku dhawaaqday goonni-isu-taaggeedii.

Regions

Somaliland consists of six regions (Capitals in brackets) – **Awdal** (Boorama) in the west, **Saaxil** (Berbera) in the north, **Maroodi Jeex** (Hargeysa) central, **Togdheer** (Burao) east/central, with **Sanaag** (Erigavo) and **Sool** (Las Anod) in the east. This guide is based on plants growing in the three central regions. *See map below.*

Climate

There are four seasons, **Gu** (spring), **Hagaa** (summer), **Dayr** (autumn) and **Jiilaal** (winter). As Somaliland is in the northern hemisphere the coldest months are December and January, and the hottest June to August. Both temperature and rainfall vary noticeably within the country. The majority of Somaliland is semi-desert, with no permanent ground water sources. The main rains fall in April/May and secondary rains in September/October.

Khariidad – Siyaasadeed

Soomaalilaan waxa ay ka kooban tahay lix gobol (magaalomadaxyadoodu dhigaha ku dhex qoran yihiin – **Awdal** (Boorame), Waqooyi Galbeed (Hargeysa), **Togdheer** (Burco), **Saanaag** (Ceerigaabo) iyo **Sool** (Laascaanood). Hagahani waxa uu ku salaysan yahay dhir ka baxda gobollada **Maroodi Jeex**, **Saaxil** iyo Togdheer.

Cimilada

Afar xilli ayaa jira: **Gu**, **Xagaa**, **Dayr** iyo **Jiilaal**. Bilaha ugu qabowga badani waa Diisambar iyo Jeenaweri, kuwa ugu diirranina waa Juun iyo Ogost. Xaddiga heerkulka iyo roobkuba waa uu ku kala badan yahay dalka. Guud-ahaan, dalka waa qarfo-u-eke, roobka ugu doorka roon waxa la helaa Abril/Meey, gu'yarehuna waa Sibtambar iyo Okoobar.

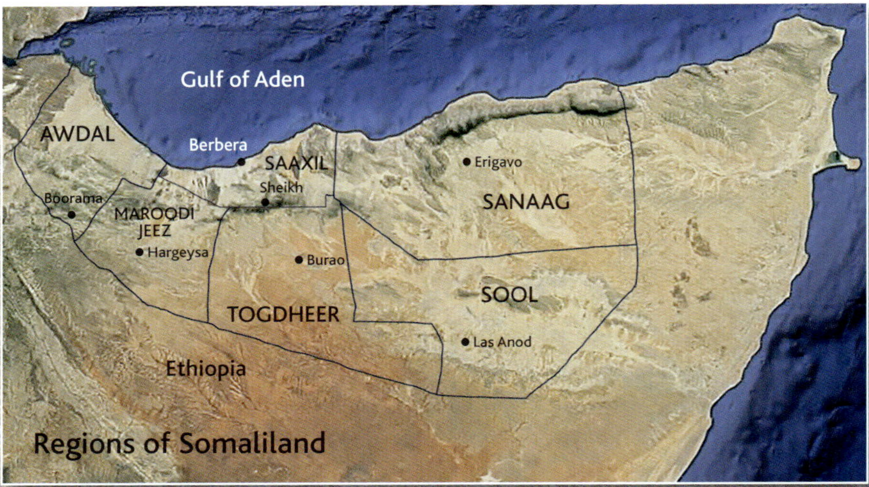

Regions of Somaliland

Geography

The total area is 137,600 km² and the population 3.5 million (2014). The capital, **Hargeysa**, towards the southwest, has an estimated population of one million, which is rapidly increasing with immigration from rural areas and the return of refugees from the diaspora. Pastoralism is the principle rural occupation, resulting in considerable overgrazing in most areas. Smaller plants are often found growing under thorny bushes or in small crevices where goats cannot reach them.

There are three broad geographical features. In the north **Guban**, the sandy coastal plain along the Gulf of Aden, including the coastal hills which rise to about 500 metres. Further south is **Oogo**, the central mountainous area, which is generally over 1200 m and includes Hargeysa (altitude 1350 m). It is dominated by the Golis range of mainly flat topped mountains rising to 2500 metres. It is an extension of the Ethiopian Ahmar mountains. Finally the flat plateau, known as the **Hawd**, extends east and south to the Ethiopian border and includes two slightly lower valley areas. Soils are generally immature and continually moved by wind and rain.

Juquraafi

Bedka dhulka waa 137,600 km², tirade dadkuna waa 3.5 milyan (2014) oo ay caasimadda ku nool yihiin tiro ku dhow hal milyan, waxana sii buux dhaafinaya barokacayaasha miyiga kaga soo qulqulaya iyo kuwo meelo kala duwan uga soo guryo noqonaya. Xooloraacashadu waa wadaage lafdhabar u ah dhaqaalaha, waxa se uu dhuldaaqsimeed badan u keenay xaaluf daran. Dhiroon yaryar oo badan ayaa gabbaad ka dhigtay geedweynta hoostooda iyo jeexjeexyada aaney riyuhu gaadhi karin.

Dhowr aag-degaan ayaa dhulka Soomaalilaand loo qaybin karaa. Gubanku waxa uu u badan yahay ciid niis ah. Waxa kale oo ka jira buuro aysan dhererkoodu ka badnayn 500 mitir. Waxa ku xiga **Oogada**, oo leh buuraleyda Golis, dhererkooduna gaadhaan ilaa 1200 m oo ay ku jirto **Hargeysa** (1350 m), meelahu ugu sarreeyaana waxa ay gaadhaan ilaa 2500 m. Buurahaasi waxa ay ka soo fidaan dhulka Itoobiya. **Hawdku** waa dhul siman oo u fida koonfur iyo bari, una gudba dhulka Itoobiya. Ciiddiisu waa mid aan qaangaadh ahayn oo u ban dhigan carroguur kaga yimaadda dabaysha iyo roobka.

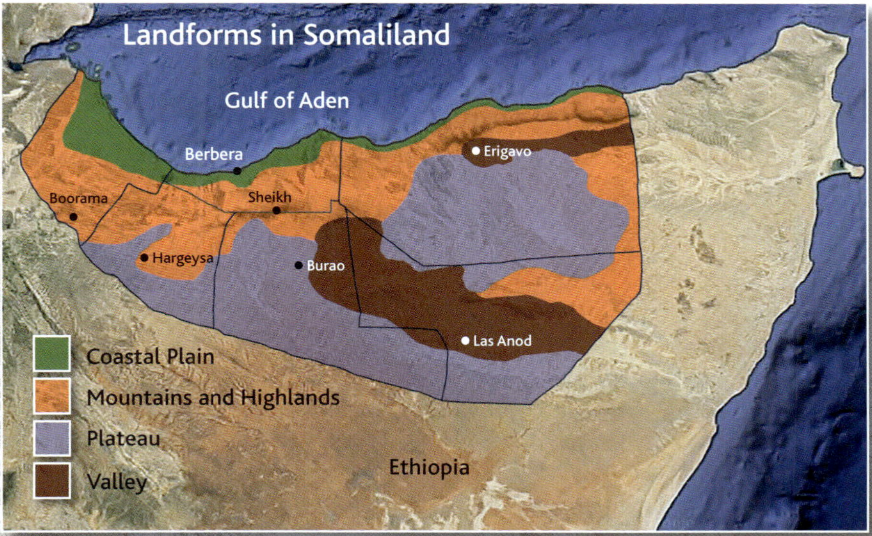

The coastal plain (Guban)

Berbera, on the Gulf of Aden, is the main town of the coast, having been a trading port since antiquity. It is thought to be the city described in the *Periplus of the Erythraean Sea* written by a Greek merchant in the 1st century AD and mentioned by name by Ibn Battuta in the 13th century.

Berbera has daily average temperatures between 25°C and 36°C with summer maximums up to 49°C. Rainfall averages only 52 mm a year, falling mainly in the spring. Along the sandy coastline much of the native vegetation has been replaced by the invasive species *Prosopis juliflora*. Its native range extends from Mexico to northern South America.

Xeebta

Berbera, ayaa ah marsada ugu doorka roon, iyo xarun ganacsi tan iyo ammin aad u fog. Waxa la filayaa in ay tahay magaalada lagu xusay qoraalka faca weyn, *The Periplus of the Erythraean Sea*, ee uu qoray ganacsade Giriig ahi, qarnigii 1aad miilaadi, waxa kale oo wax ka qoray Ibn Badduuda qarnigii 13aad.

Isu celcelin, heerkulka maalinle ee Berbera waxa uu u dhexeeyaa 25°C iyo 36°C, iyo xagaagii oo uu gaadho 49°C. Roobka helaa isu celcelin waa 52 mm sannadkii, siiba xilliga gu'ga. Dhulka xeebaha raacsan, meelo badan waxa ku fiday geedka Garanwaaga *(Prosopis juliflora)*. Waana geed ka soo jeeda Migsiko iyo waqooyiga Koonfur Ameerika.

The sandy coastal strip is at its widest in the west and narrows as one moves east from Berbera. Away from the immediate coastal strip the soil is mainly sand/gravel semi-desert supporting low growing, drought tolerant species.

Xeebtu waxa ay u ballaadhan tahay dhanka galbeedka, marka bari loo sii kacana buuraha ayaa badda ku soo dhowaada. Marka xeebta laga sii durkaba, ciiddu waa mid furfuran, ama dhagaxaan leh, waana qarfo-u-eke uu ka baxo dhir aan dhererkoodu sarrayn oo adkaysi u leh abaaraha.

In the vicinity of **Berbera**, there are two hilly areas, known as **Dubar** and **Biyo-Guure**, which rise to about 500 m. They are the source of permanent hot springs. The deep rocky gorges running through these springs have water at around 38°C trickling down the rocks and through the gorges throughout the year. Dubar is one of the main water sources for Berbera.

Agagaarka **Berbera**, waxa jira buuraley joogga badda ka sarreeya 500 m, oo leh durdurro aan kala go'in, sida **Dubaar** iyo **Biyo-Guure**. Dubaar waxa ay tahay il muhiim ah oo ay Berbera biyaha ka hesho. Biyaha buurahaas ka soo baxaa waxa heerkulkoodu gaadhaa 38°C.

The Oogo plateau

Hargeysa (1350 m) on the edge of the plateau has daily average temperatures between 17°C in January to 24°C in June, with maximum temperatures rarely exceeding 35°C. Rainfall averages about 410 mm, falling mainly in April/May and August/September.

Oogo

Hargeysa (1350 m) heerkulkeedu isu celcelin waa 17°C bisha Jeenaweri, waxana uu gaadhaa 24°C bisha Juun, marka uu ugu sarreeyana waa 35°C. Roobkuna isu celcelin waa 410 mm sannadkii, inta badanna da'a Abril/Meey iyo Ogost/Sibtambar.

Further west towards **Boorama** rainfall is higher, averaging 550 mm between March and September; this allows sorghum, fruit and vegetables to be grown commercially.

Dhinaca galbeed iyo xagga **Boorama**, roobku waa ku sii badan yahay, waxana uu isu celcelis ahaan gaadhaa 550 mm inta u dhexaysa bilaha Maarj iyo Sibtambar; waxana uu suurtogeliyaa beerista hadhuudhka, khudradda iyo midhaha.

The Golis mountain range

The Golis mountain range which reaches altitudes between 1600 and 2500 m, divides the coastal plain from the central plateau. Temperatures here are cooler throughout the year and rainfall higher, 660 mm, with the tops of the mountains often being shrouded in mist between November and February. Accounts from the early 20th century speak of lushly wooded mountains where large mammals, including elephants and lions, roamed. Indeed the name of one of the mountains, **Gacan Libaax** (1700 m) means 'Lion's Paw'. Today Gacan Libaax is a protected area and still fairly well wooded, with *Juniperus/Buxus* forest as well as a number of introduced species such as *Eucalyptus* and *Agave*.

Buuraleyda Golis

Buuraleyda Golis waxa ay dhextaalleeyaan bannaanada xeebta iyo dhulka Hawdka ah, jooggooduna waxa uu u dhexeeyaa 1600 iyo 2500 m. Halkaas heerkulku waa ka hooseeyaa ka xeebta, roobkuna waa ka badan yahay marka la barbar dhigo xeebaha (600 mm), buuraha figahoodana waxa daboola ceeryaan, siiba inta u dhexaysa bilaha Noofambar iyo Feebaweri. Qoraallo la dhigay bilowgii qarnigii 20aad waxa ay muujinayaan dhul ugbaad ah, buuro dhireysan, iyo duurjoog waaweyn sida maroodiyaal iyo libaaxyo badan; magaca mid ka mid ah buurahaas waa **Gacan Libaax** (1700 m). Maanta Gacan Libax waa meel dhowrsoon welina dhiraysan, sida Dayibka, Dhosoqa, iyo qaar kale. Dhirta aan xerodhaladka ahayn ee lagu beeray waxa ka mid ah Baxrasaaf iyo Xigdhaadheer.

Sheikh (1430 m) to the east of Gacan Libaax, lies near the top of one of the passes through the Golis mountains. In the early part of the 20th century it was the principle British 'Hill Station' and described as well wooded with lush grazing. Today it is surrounded by stony, degraded hills heavily grazed by goats. There are however a few small, privately owned, protected 'oases' of green cultivation, showing that where grazing animals are excluded agriculture is possible.

Sheekh (1430 m) waxay dhacdaa bariga Gacan Libaax, waana oogada daw ka dhaadhaca buuraha Golis. Bilowgii qarnigii 20aad waxa ay xarun u ahayd Ingiriiska, waxana qoraalladu muujinayaan in ay si fiican u dhiraysnayd, daaq fiican lahayd. Maanta waa dhul rawax ah oo aad xooluhu u daaqeen. Ha yeeshee ceeshiimooyinka qaarkood waxa ay muujinayaan suurtogalnimada wax-beerashada.

The Hawd plateau

This mainly flat, slightly lower area has poor soils which in many areas contain minerals, making the water brackish and largely preventing agriculture. As with the plateau, rain falls mainly in April/May and August/September averaging 186 mm in Burao. In the area south and east of Hargeysa there are arid treeless plains interspersed with fairly dense acacia woodlands which provide a home for several species of antelope.

Dhulka Hawdka

Badi waa dhul siman, leh ciid aan hodan ahayn, meelaha qaarkood macaadini ku jirto, keentana in biyuhu adkaadaan, kuna habboonayn beerasho. Roobka badankiisu waxa uu dhacaa Abril/Mey iyo Ogost/Sibtambar, celcelis ahaan 186 mm Burco. Dhulka Hargeysa koonfur iyo bari ka xiga waxa jira banan ay ku hareeraysan yihiin dhul dhiraysan oo hoy u ah dhowr jaad oo deerooyinka ka mid ah.

Asystasia guttata Xubnoole

Perennial herb, up to 70 cm; much branched from base, stems hairy. Leaves opposite, lanceolate with entire margins. Inflorescences terminal spikes of densely packed cream flowers. Fruit a hairy capsule.

Habitat: Grassland and thickets, altitude 200–1400 m.

Distribution: Ethiopia, Tropical East Africa and Arabia.

Geed hoosaad gu'yaal jire ah, oo illaa 70 cm ah. Guntiisa hoose aad u laamo badan tahay, jirridiisuna gas leedahay. Caleemo isasoo eegaya, oo sida waranka u samaysan oo hareerahana ka siman. Ubax cad, oo si rucub ah uga baxay baarka sare. Midho ku jira dahaadh gas leh.

Sabo: Dhul cawseed iyo kaymo, joog ah 200–1400 m.

Filiqsanaan: Itoobiya, Kulaalaha Bari ee Afrika iyo Carabaha.

Barleria argentea Geed Riyood

Very small perennial herb, much grazed by goats. Leaves opposite, green, lance-shaped with entire margins. Flowers trumpet shaped, pale mauve with darker stripes in the throat. Fruit a capsule.

Habitat: Open sandy areas, altitude 100–1500 m.

Distribution: Tropical East Africa and Arabia.

Geed hoosaad aad u yar oo gu'yaal jire ah, oo ay aad u jecel yihiin riyuhu. Caleemo iska soo hor jeed u baxay, cagaar ah, oo sida waranka ah, hareerahana ka dhamay-stiran. Ubax sida turumbada muusiga u samaysan, soos-ali khafiifa ah, oo xariijimo madaw ku leh dhuunta. Midho ku jira dahaadh.

Sabo: Dhul burciideed furan, joog ah 100–1500 m.

Filiqsanaan: Kulaalaha Bariga Afrika iyo Carabaha.

Barleria proxima Qodaxtool

Small shrub up to 25 cm with prominent grey spines. Leaves opposite, oval, pale green with entire margins. Flowers bright yellow with four petals above and one smaller below the prominent stamens. Fruit a capsule with a long beak.

Habitat: Stony scrub and along roadsides, up to 1400 m.

Distribution: East Africa to southern Arabia.

Geed gaab yar oo illaa 25 cm ah; oo leh qodxo dameeri ah oo soo taagan. Caleemo isasoo eegaya, sida ugxanta ah, oo cagaar khafiifa ah, hareerahana ka buuxa. Ubax huruud dhalaalaya ah oo leh Afar laace oo ka sarreeya faxalsidaha taagan iyo mid yar oo ka hooseeya. Midho gal ku jira oo leh af fiiqan.

Sabo: Kayn dhagax ku badan yahay iyo waddada hareeraheeda, joog ah illaa 1400 m.

Filiqsanaan: Bariga Afrika illaa Koonfurta Carabaha.

Blepharis boranensis Yamaarug

Perennial herb, sometimes shrubby, up to 35 cm; hairy when young. Leaves whorled, elliptic with hairs on the midrib and margins with numerous forward pointing teeth. Flowers surrounded by hairy calyx, purple with large lower lip. Fruit a capsule.

Habitat: Open bushland and along roadsides, up to 1500 m.

Distribution: Djibouti, Ethiopia and northern Kenya.

Gu'yaal jire geed hoosaad ah, mararka qaar geed gaab ah oo illaa 35 cm ah; marka uu yar yahayna gas leh. Caleemo si xoonsan u baxay oo gammuuran, oo gas ku leh arooraha. Hareero leh ilko badan oo soo fiiqan. Ubax ay ku wareegsan yihiin malaaceyaal gas leh, oo soosali ah oo leh dibin hoose oo ballaadhan. Midho ku jira gal.

Sabo: Dhul dhireed furan iyo jidka hareerihiisa, joog ah illaa 1500 m.

Filiqsanaan: Jabuuti, Itoobiya iyo Waqooyiga Kiiniya.

Hypoestes forskaolii Faaraxood, Geedo waraabe

Erect herb, up to 80 cm with short hairs on stems. Leaves simple, opposite with entire margins. Flowers pale pink with darker markings on the throat, upper lip reflexed. Fruit a club shaped capsule.

Habitat: Under bushes and trees, very common, altitude up to 1600 m.

Distribution: Common in Africa and Arabia.

Note: Toxic to livestock.

Geed hoosaad qotoma, oo ah illaa 80 cm, oo gas yar ku leh jirridda. Caleemo fudud, oo isasoo eegaya oo hareeraha ka buuxa. Ubax caddaan iyo casuus khafiif iskugu jira, 2 dibnood leh, dibinta sare ceshen tahay oo leedahay calaamado soosali ah oo dhuunta ka sarreeya. Midho ku jira dahaadh sida bakooradda u samaysan.

Sabo: Kaymaha iyo dhirta hoost-ooda caan ka ah, joog ah illaa 1600 m.

Filiqsanaan: Caadi ka ah Afrika iyo Carabaha.

Fiiro: Xooluhu waa ay ku sumoobaan.

Justicia gesnerifolia Buuxiso

Small shrub, up to 30 cm; young stems yellowish green, old stems grey. Leaves simple, opposite, oval, with entire margins. Flowers single or a few in the leaf axil; five lobes, white with purple markings on lower lip, hairy. Fruit a capsule.

Habitat: Open plains and overgrazed grassland; altitude 190–1200 m.

Distribution: Eastern Ethiopia.

Geed gaab yar oo illaa 30 cm ah; jirridihiisa cusub huruud-cagaar yihiin, kuwiisa weynina dameeri. Caleemo iska soo hor jeeda, oo qaabka ugxanta ah, oo hareeraha ka buuxa. Ubax keli ama si dhawr ah uga baxay surdhubta caleenta; oo leh afar qaybood, midab caddaan ah oo calaamado soosali ah ku leh dibinta hoose, oo gas leh. Midho dahaadh ku jira.

Sabo: Dhul cawseed furan iyo dhul daaqsimeed aad loo daaqay; joog ah 190–1200 m.

Filiqsanaan: Bariga Itoobiya.

Justicia odora Xubnoole, Caleen-dhurwaa

A perennial herb growing up to 30 cm. Leaves simple, opposite, often appearing whorled, with a small indentation on the tip, hairy along the margins. Flowers bright yellow, usually in pairs arising in the leaf nodes, lower lip 3-lobed. Fruit a hairy capsule.

Habitat: Dry bushland, altitude up to 1500 m.

Distribution: Common in Africa and tropical Arabia.

Gu'yaal jire geed gaab ah oo illaa 30 cm ah. Caleemo isasoo eegaya, oo inta badan u muuqda si xoonsan, oo dalool ku leh afka hore, iyo gas ku dhereran darafyada. Ubax hurdi dhalaalaya ah, oo dibinta hoose 3 dhegolaab lee dahay, inta badanna si lammaane ah uga baxa gummudda caleenta. Midho ku jira dahaadh gas leh.

Sabo: Kayn qallalan; joog ah illaa 1500 m.

Filiqsanaan: Sida caadiga ah Afrika iyo kulaaleyaasha Carabaha.

Megalochlamys linifolia Jambay

Small shrub up to 1 m, erect or scrambling. Leaves simple, opposite, lanceolate with wavy margins. Flowers paired on spikes with the lower bracts completely covering the spike, flower a small blue trumpet. Fruit a small capsule, seeds covered in hairs.

Habitat: Bushland in shallow soil over limestone, altitude up to 1100 m.

Distribution: Eastern Ethiopia, northeast Kenya and Yemen.

Geedgaab illaa 1 m ah, oo taagan ama filiqsan. Caleemo fudud, oo isasoo eegaya, oo toosan, hareerahana ka ah sida mawjadda. Ubaxu wuxu ku lammaan yahay qodx-aanta, oo guntiisa hoose waxa gebi ahaanba daboolay qodxaantaas. Ubax yar oo buluug ah oo ah oo u eeg turuumbada muusiga. Midho ku dhex jira dahaadh yar, iyo siidh uu gas daboolay.

Sabo: Kayn ciid khafiif ah leh iyo dhagax nuuradeed, iyo joog illaa 1100 m ah.

Filiqsanaan: Bariga Itoobiya, Waqooyi-Bari Kiiniya iyo Yemen.

Megalochlamys violacea Nagaadh

Shrub up to 1.5 m; young stems hairy. Leaves simple, opposite, lanceolate. Flowers violet, paired on spikes, 5 lobed. Fruit a capsule.

Habitat: Bushland on rocky slopes; altitude 100–1380 m.

Distribution: Ethiopia, Eritrea, Djibouti, Sudan, Kenya and Arabia.

Geed gaab illaa 1.5 mitir ah; Jirridihiisa cusub gas ku leh. Caleemo fudud oo isasoo eegaya, oo sida waranka u samaysan. Ubax fiyoolet ah oo 5 carrab leh, oo ku lammaan qodxaan iyo Midho dahaadhan.

Sabo: Dhul kaymeed ku yaal janjeedh dhagaxle ah; Joog dhan 100–1380 m.

Filiqsanaan: Itoobiya, Eriteriya, Jabuuti, Suudaan, Kiiniya iyo Carabaha.

Ruellia linearibracteolata Dhacdhacle

Perennial herb up to 45 cm; young stems green and hairy, older stems grey. Leaves opposite, linear with prominent pale veins, hairy with entire margins. Flowers single in the leaf axils, blue or white, trumpet shaped. Fruit an elongated hairy capsule.

Habitat: Deciduous bushland on silty, clay or limestone, altitude 40–1400 m.

Distribution: Ethiopia, Kenya, Yemen, and Pakistan.

Gu'yaal jire geed hoosaad ah oo illaa 45 cm ah; jirridihiisa cusub waa cagaar gas leh, kuwiisa duugga ahina waa dameeri. Caleemo isasoo eegaya, oo toosan, oo gas leh, arooreyaal soo muuqda iyo dhinacyo siman. Ubax si madi ah uga taagan surdhubta caleenta, buluug iyo caddaan ah, oo u samaysan qaabka turumbada. Midho ku jira dahaadh dheer oo gas leh.

Sabo: Kayn caleemaha daadisay oo leh carro furan, dhoobo iyo dhagax nuuradeed, iyo joog dhan 40–1400 m.

Filiqsanaan: Itoobiya, Kiiniya, Yaman, Baagistaan.

Ruellia patula Jacjacle, Dhacdhacle

Perennial herb up to 60 cm. Leaves simple, opposite, oval and covered in velvety hairs. Flowers pale to deep mauve, trumpet shaped, either single or in small groups of 2-3. Fruit a capsule.

Habitat: Stony ground, altitude up to 1500 m.

Distribution: Common in Africa, Arabia and India.

Geed hoosaad gu'yaal jire ah oo illaa 60 cm ah. Caleemo fudud, isasoo eegaya, oo qaabka ugxanta u samaysan oo leh gas jilicsan. Ubax khafiif iyo soosali rasiina ah, oo qaabka turumbada u samaysan, oo si madi ah u baxay mar kalena si koox ah oo 2–3 xidhmo ah. Midho ku jira dahaadh.

Sabo: Carro dhagax leh, joog ah illaa 1500 m.

Filiqsanaan: Caadi ka ah Afrika, Carabaha iyo Hindiya.

Agave sisalana Xigdhaadheer

A perennial up to 1 m. Leaves form a rosette of sword-shaped grey/green leaves each ending in a sharp spine. Inflorescence yellow, borne after about 6 years on a central flower stalk up to 6 m high, flowers in dense clusters on short branches arising from the stalk. As the flowers wither buds in the axils develop into small plants which fall to the ground and take root. The mature plant dies after flowering.

Habitat: Bushland and semi-desert, altitude 500–2000 m.

Distribution: Native to Central America, now widely cultivated and naturalised in tropical regions.

Note: Used as a living fence. Fibres used to make rope, mats, brushes. In Somaliland there is a pilot project to make sisal bags.

Gu'yaal jire illaa 1 m ah. Caleemo sida waranka u samaysan oo dameeri/Cagaar ah, oo mid kastaa afka hore qodax fiiqan ka noqonayso. Ubax hurdi ah, oo lix sanno ka dib ka soo baxaya samayda ubaxa illaa 6 m dherer ahaan, ubaxaas oo isaga oo rucub ah si cidhiidhi ah uga soo baxaya laamaha gaagaaban ee ka soo baxsan samayda. Marka ay ubaxyadaasi qallalaan surdhubtu waxa ay noqotaa geed yar oo hoos u baxa oo dhulka marka uu gaadho xidid samaysta. Geedka weyni wuu dhintaa marka uu ubaxeeyo ka dib.

Sabo: Dhul Kaymeed iyo saxare-u-eeke, joog ah 500–2000 m.

Filiqsanaan: Xero-u-dhalad ka ah Badhtamaha Maraykanka, imika se si baahsan loogu beerto gobollada kulaaleyaasha.

Fiiro: Waxa loo isticmaala deyr ahaan. Miiqyadiisana waxa loo isticmaalaa in laga sameeyo xadhkaha, salliyada/cawda, Mafiiqaha. Imikana waxa la tijaabinayaa in laga sameeyo shandado.

*Now included in Asparagaceae.

Aloe grisea Dacar biyood

Plants stemless, solitary or in small groups. Leaves spreading, triangular, bluish, with many white spots: margins horny, brown with sharp teeth. Flowers on an erect stalk up to 60 cm with 2–3 branches, orange/scarlet with yellow mouth and a pronounced swelling at the base. Fruit a capsule.

Habitat: Stony ground, altitude 1200–1700 m.

Distribution: Djibouti.

Dhir bilaa jirrid ah, oo gooni ah ama koox yar ah. Caleemo filiqsan, saddexgeesood ah, buluug xiga, oo leh goobooyin door ah oo cadcad; hareero geeso leh, bunni ah oo ilko fiiqfiiqan leh. Ubax ka qotoma laanta illaa 60 cm oo leh 2–3 laamood, oo liimi/casaan ah oo leh af hurdi ah, iyo gun buuran oo xagga hoose ah. Midho ku jira dahaadh.

Sabo: Dhul dhagax ah, joog ah 1200 – 1700 m.

Filiqsanaan: Jabuuti.

Aloe hildebrandtii Dacar biyood

Plants shrubby, branched from the base, with stems 50–100 cm long. Leaves 10–20, in a lax rosette, spreading, dull green or bluish with a few spots; margins with triangular sharp teeth. Flowers red or yellow, alternately arranged on a stalk up to 60 cm tall. Fruit a capsule.

Habitat: Stony ground, altitude 1100–1700 m.

Distribution: Only known from Somaliland.

Geed gaaban, laamo badan xagga hoose ku leh, iyo jirrid dhereren 50 – 100 cm. Caleemo 10 – 20 ah, oo si janjeedh ah u qaabaysan, filiqsan, oo cagaar hurda ah ama buluug barbarro leh ah; hareero sida saddex xagalka ah oo leh ilko fiiqan. Ubax casaan ama hurdi ah, oo si talantaalli ah ugu samaysan jirridda illaa 60 cm dherer ahaan. Midho ku jira dahaadh.

Sabo: Dhul dhagxan leh, joog illaa 1100 – 1700 m.

Filiqsanaan: Soomaalilaan oo keliya ayaa lagu yaqaan.

*Now included in Asphodelaceae.

Aloe megalacantha Dacar Dhegweyn

Growing in groups with stems up to 1 m. Leaves grow on the upper part of the stem, recurved with tips pointing downwards, green, shiny, edges pink, horny with red-brown teeth. Flowers red or yellow on many spreading erect branches. Fruit a pale green capsule.

Habitat: Open bushland on limestone or sand, altitude 100–1850 m.

Distribution: Ethiopia, Djibouti.

Wuxu u baxaa si koox ah, isaga oo leh jirrid illaa 1 m ah. Caleemo ka baxa qaybta sare ee jirridda, oo yara qalloocan oo leh af xagga hoose u ceshen, cagaar ah, widhwidhaya, oo leh gees fiiqan oo casuus ah, iyo ilko bunni-casaan ah. Ubax casaan ama hurdi ah oo leh laamo taagan oo filiqsan. Midho ku jira dahaadh cagaar khafiif ah.

Sabo: Dhul kaymeed furan oo dhagax-nuuradeed iyo burcuud ah, Joog ah 1100–1850 m.

Filiqsanaan: Itoobiya, Djibouti.

*Now included in Asphodelaceae

Achyranthes aspera Maraboob

An erect annual herb up to 1 m. Leaves simple, opposite, oval with entire margins. Flowers pink on an erect, hairy spike. Fruit ovoid capsule with prickly bracts which stick to animals for dispersal.

Habitat: Common in disturbed areas, altitude up to 1200 m.

Distribution: A pan-tropical weed.

Geed hoosaad gu'jire ah oo qotoma oo illaa 1 m ah. Caleemo fudud, oo iska soo hor jeeda, oo qaabka ugxanta ah, iyo hareero siman. Ubax casuus ah oo ka ag qotoma falaadh gas leh. Midho sida ugxanta ah oo qolofta dahaadhkoodu leeyihiin ilko ku dhega xoolaha si ay u sii filqamaan.

Sabo: Caadi ahaan dhulalka cagta lagu badiyey, joog ah illaa 1200 m.

Filiqsanaan: Harame ka ah dhulalka kulaale-xigeennada ah.

Aerva javanica Geedcad

Perennial herb, erect or prostrate, branching from the base, stems covered in whitish hairs. Leaves alternate, pale green, oval, margins entire or slightly wavy. Flowers white, in spikes, adhering closely to the stem. Fruit a small round capsule.

Habitat: Hot springs near Berbera, coastal areas and open bushland, altitude up to 500 m.

Distribution: Dry areas of the Old World Tropics.

Gu'yaal jire geed hoosaad ah, taagan oo isku siman, oo xagga hoose laamo ku leh, jirridiisana ay dabooleen gas caddaan ahi. Caleemo talantaalli ah, cagaar khafiifa ah, sida ugxanta ah, oo hareeraha ka siman ama in yar qaabka mawjadda ah. Ubax yuuban oo caddaan ah, oo si dhaw u raacsan jirridda. Midho yaryar oo ku dhex jira dahaadh wareegsan.

Sabo: Durdurka biyo-kulule ee u dhaw Berbera, meelaha xeebaha ah, iyo dhul dhireedka furan, joog ah illaa 500 m.

FIliqsanaan: Meelaha qallalan ee kulaalayaasha dunida qadiimka ah.

Alternanthera pungens Carabonadh

Prostrate perennial up to 20 cm, forming mats along the ground, hairy. Leaves opposite, ovate with entire margins. Flowers growing in the leaf axil surrounded by spiky hairs. Fruit a round capsule.

Habitat: Disturbed ground near settlements, altitude up to 1310–1500 m.

Distribution: Originally from North America, now pan-tropical.

Gu'yaal jire isku siman oo ah illaa 20 cm. Dhulka ku goglan, oo gas leh. Caleemo si iskasoo horjeed ah iskugu beegan, oo qaabka ugxanta ah, oo hareeraha ka siman. Ubax ka baxay ruqurta caleenta oo ay ku haareeraysan yihiin gas qodxo ah. Midho leh dahaadh wareegsan.

Sabo: Dhul cagta lagu badiyey ee u dhaw meelaha la deggen yahay, joog ah illaa 1310–1500 m.

Filiqsanaan: Asal ahaan Waqooyiga Maraykanka, imikana Kulaale-xigeennada.

Caroxylon spinescens Xabow

Rigid, spiny shrub up to 75 cm. Leaves alternate, oval, fleshy with entire margins. Flowers very small, yellowish. Fruit very small, round with papery wings.

Habitat: Sandy open areas near sea level.

Distribution: Ethiopia, Djibouti, Egypt, Sudan and Arabia.

Geed gaab adag, qodxo leh, oo illaa 75 cm ah. Caleemo talantaalli ah, sida ugxanta ah, hilboon oo hareeraha ka siman. Ubax aad u yar, huruud ah. Midho aad u yar, oo wareegsan oo leh baalal yaryar.

Sabo: Dhul burciideed furan oo u dhaw meel badda la siman.

Filiqsanaan: Itoobiya, Jabuuti, Masar, Suudaan iyo Carabaha.

Chenopodium murale Cayoguri, Cayo

Annual herb growing up to 60 cm. Leaves alternate, roughly arrow shaped with irregularly serrated margins. Flowers tiny green/pink clusters either in the leaf axils or terminal. Fruit round with small black shiny seeds.

Habitat: In disturbed and irrigated areas, altitude up to 2300 m.

Distribution: Native to the Old World tropics, now cosmopolitan.

Geed hoosaad gu'jire ah oo illaa 60 cm ah. Caleemo talantaalli ah, oo sida leebka u samaysan oo leh hareero si aan caadi ahayn miishaarta u shabbaha. Ubax yaryar oo cagaar/casuus ah oo iyaga oo xidhmooyin ah ku yaalla ruqurta laanta ama baallaha. Midho wareegsan oo leh iniinyo yaryar oo madaw dhalaalaya ah.

Sabo: Dhulka cagta lagu badiyey iyo meelaha waraabka, joog ah illaa 2300 m.

Filiqsanaan: Xero-u-dhalad ka ah kulaalayaasha dunida qadiimka ah, imika se dhulal badan ka baxa.

Kaviria rubescens Cadcaddo

Small shrub, up to 30 cm, covered in silvery hairs. Leaves alternate, silvery grey with entire margins. Flowers red, solitary.

Habitat: Open limestone areas near sea level.

Distribution: Endemic to Somaliland and Puntland.

Geed gaab yar, oo illaa 30 cm ah, oo ay dabooleen timo dhalaalaya. Caleemo talantaalli ah, oo midab ahaan dameeri dhalaalaya ah oo hareeraha ka siman. Ubax cas, oo keli/madi ah.

Sabo: Goobaha furan ee dhagax-nuuradeedka ee sida dhaw ula siman badda.

Filiqsanaan: Caadi ka ah Soomaalilaan.

Sericocomopsis pallida Jambacaad

Low shrub up to 1.5 m, young branches covered in yellowish hairs. Leaves opposite, oval with entire margins. Flowers in groups of 2–3 on spikes, hairy. Fruit a capsule.

Habitat: Silty or limestone bushland, altitude 40–1800 m.

Distribution: Ethiopia, Kenya, Tanzania.

Geed gaab hoose oo ah illaa 1.5 m. Laamaha da'da yar waxa daboolay gas huruud ah. Caleemo si iska soo horjeed ah u baxay, oo qaabka ugxanta ah, oo hareeraha ka siman. Ubax 2–3 kooxood ah oo qodxo iyo gas leh. Midho dahaadh leh.

Sabo: Dhul dhireed ciid suubaan leh ama dhagax nuuradeed leh, joog ah 40–1800 m.

Filiqsanaan: Itoobiya, Kiiniya, Tansaaniya.

Schinus molle Miri miri

Evergreen tree up to 12 m, with branches hanging down. Leaves compound with up to 60 leaflets, lanceolate. Flowers white in pendulous sprays. Fruit red drupes which smell and taste of peppercorns.

Habitat: Common street tree in Hargeysa, found near habitations, altitude up to 1400 m.

Distribution: Native to South America, now pan-tropical.

Note: It is heat & drought resistant.

Geed goor walba cagaarane ah oo laamo hoos u soo laadlaada leh, oo illaa 12 m ah. Caleemo dhafan oo leh illaa 60 caleen yaro, oo sida waranka u qaabaysan. Ubax caddaan ah oo hoos u laadlaada. Midho lafo cas leh oo leh ur iyo dhadhan sida barbarrooniga.

Sabo: Dhirta caadiga ah ee waddooyinka Hargeysa, ee guryaha u dhaw, joog ah illaa 1400 m.

Filiqsanaan: Xero-u-dhalad ka ah Badhtamaha Ameerika, iyo imika kulaale-xigeenka.

Fiiro: Wuxu adkaysi u leeyahay kulka iyo abaaraha.

Adenium somalense Habartacay, Warab-ka-roon

Small tree, up to 3 m. Leaves linear, in whorls at the end of branches, margins wavy. Flowers pink, funnel shaped with five petals, borne at the end of the branches. Seeds have dirty white tufts of hair.

Habitat: Bushland, semi-desert, usually rocky areas, altitude up to 700 m.

Distribution: Sub-Saharan Africa from Ethiopia to West Africa, East Africa and Arabia.

Note: All parts are toxic to animals.

Geed yar, oo illaa 3 m ah. Caleemo toosan, oo si xoonsan ugu yaal xagga hoose ee laamaha, iyo hareero sida mawjadda ah. Ubax casuus ah, oo sida masafta ah, oo leh shan malaace, oo ku dhagsan xagga hoose ee laanta. Iniinyo leh uskag cad oo gas ah.

Sabo: Dhul dhireed, saxare-xigeen, inta badan meelaha dhagaxa leh, joog ah illaa 700 m.

Filiqsanaan: Afrikada saxaraha ka hooseysa ee Itoobiya illaa Galbeedka Afrika, Bariga Afrika iyo Carabaha.

Fiiro: Dhammaan xubnihiisa oo dhan xooluhu waa ay ku sumoobaan.

Blyttia fruticulosa Geesariyaad

Small erect shrub up to 80 cm, with clear latex. Leaves opposite, grey/green, linear with stalks and entire margins. Flowers small with white or greenish lobes. Fruit a follicle with a small beak.

Habitat: Open bushland on sandy or rocky ground, altitude up to 1500 m.

Distribution: Djibouti, Ethiopia, Kenya, Tanzania and Arabia.

Geed gaab yar oo qotoma, oo illaa 80 cm ah, oo leh dheecaan/dareere cad. Caleemo isasoo eegaya, dameeri/cagaar ah, oo ku taxan laamaha, hareerahana ka siman. Ubax yar oo leh dibno caddaan iyo cagaar ah. Midho goon ku jira oo leh af yar.

Sabo: Dhul dhireed furan oo burciid iyo dhagax leh, joog ah illaa 1500 m.

Filiqsanaan: Jabuuti, Itoobiya, Kiiniya, Tansaaniya iyo Carabaha.

Calotropis procera Booc

Shrub up to 4 m, branched from ground level with milky latex. Leaves opposite, oval, pale green with entire margins, covered in fine silky hairs. Flowers occur in groups, have five pointed petals which are white in the centre and mauve towards the edges. Fruit paired capsules, seeds with a tuft of long hair at one end.

Habitat: Dry river beds and disturbed areas, altitude up to 1200 m.

Distribution: Eritrea, Ethiopia and Arabia. Now naturalised in other tropical areas.

Note: Very toxic, avoided by livestock. An indicator of over grazing.

Geed gaab illaa 4 m ah, laamihiisu ka soo baxaan gunta hoose oo leh dheecaan caanaha u eeg. Caleemo isa soo eegaya, qaabka ugxanta ah, oo cagaar khafiifa ah, hareeruhuna siman yihiin, oo ay dabooleen gas sida demiska ah. Ubax si koox ah u baxa, oo len shan laace oo fiiqan oo caddaan dhexda ku leh, hareerahana soosali ka ah. Midho leh dahaadh lammaan, iniinyuhuna ay dacal ku leeyihiin miiq tin ah oo dheer.

Sabo: Jenbiyada dooxa ee qallalan iyo meelaha cagta lagu badiyey, joog ah illaa 1200 m.

Filiqsanaan: Ereteriya, Itoobiya iyo Carabaha, Imika se lagu beero kulaaleyaasha kale.

Fiiro: Waa geed sun badan, oo xooluhu iska dhawraan. Waa astaan lagu qiyaaso heerka xaalufka.

Carissa spinarum Agamsa

Shrub up to 2 m, much branched, with opposite spines and milky sap. Leaves simple, opposite, leathery, oval with entire margins. Flowers in groups, white, sweetly scented. Fruit green berry, turning red then blue/black, seeds edible.

Habitat: Evergreen bushland and Juniper forest, altitude 1400–1800 m.

Distribution: Widespread in tropical Africa, Madagascar, Arabia to India and Thailand.

Geed gaab illaa 2 m ah, oo aad u laamo badan, oo leh qodxo iska soo hor jeeda,iyo kiish caano leh. Caleemo fudud, isasoo eegaya, saanta u eeg, qaabka ugxanta ah, oo hareeraha ka buuxa. Ubax koox koox ah, caddaan ah, oo ur macaan. Midho leh madax cagaaran, oo casaan isku beddeleya haddana buluug/madaw, iyo iniinyo la cuni karo.

Sabo: Dhul dhireed goor walba cagaaran iyo kaymaha Dayibka, joog ah 1400–1800 m.

Filiqsanaan: Ku baahsan Afrikada kulaaleyaasha, Madagasgar, Carabaha illaa Hindiya iyo Taylaand.

Desmidorchis edithae Ubaatays

Grow in clumps, densely branched from a central stem, up to 40 cm, stems silver/grey with twisted angles and large teeth. Flowers in terminal groups, dark purple with yellowish centres and numerous darker spots, lobes have small tufts of hair along the edges. Seeds have a tuft of hair on the top.

Habitat: Open bushland and low scrub up to 1800 m.

Distribution: Djibouti and Ethiopia.

Wuxu u baxaa si koox ah, si cufan ayuu laamaha uga bixiyaa jirrid badhtanka ku taal, dherer ahaanna wuxu gaadhaa illaa 40 cm, jirriddiisu waa widhwidh/dameeri oo leh xaglo qalloocan iyo ilko ballaadhan. Ubaxiisu waa xidhmooyin baarka sare ku yaal, oo soosali dukhula ah iyo dhexda oo hurdi ah, oo leh goobooyin badan oo madaw, iyo carrabyo leh miiqyo timo ah oo yaryar oo dacallada ah. Iniiniyo dusha ku leh miiqyo timo ah.

Sabo: Dhul dhireed furan iyo geed hoosaad, joog ah illaa 1800 m.

Filiqsanaan: Jabuuti iyo Itoobiya.

Desmidorchis penicillata Ubaatays

Grow in clumps, up to 1.3 m, stems have irregularly toothed angles with scars of old flowers. Flowers in round heads at the top of stems, yellow/green with brown or purple spots. Seeds have a tuft of hair at the top.

Habitat: Evergreen bushland, altitude 800–1800 m.

Distribution: Djibouti, Ethiopia, Eritrea, Arabia.

Si xidhmo ah ayuu u baxaa, joog ah illaa 1.3 m, jirridiisu waxay leedahay xaglo si aan caadi ahayn ilko u leh, iyo xariijimo ku yaalla ubaxiisa gaboobay. Ubaxiisu wuxu leeyahay madax wareegsan, wuxuna ku dul yaallaa xagga sare ee jirridda, waa huruud/cagaar ay la socdaan dhibco bunni ama basali ah. Iniinyihiisu waxa ay leeyihiin miiq timo ah oo xagga sare kaga yaal.

Sabo: Dhul dhireed goor walba cagaaran, joog ah 800–1800 m.

Filiqsanaan: Jabuuti, Itoobiya, Ereteriya, Carabaha.

Desmidorchis retrospiciens Ubaatays

Plants erect, robust, up to 1.5 m, forming large clumps; stems grey/green, angles conspicuously winged with small teeth. Flowers dark red/brown in large round clusters.

Habitat: Stony semi-desert, altitude 100–1000 m.

Distribution: sub-Saharan Africa from Djibouti to Mauritania, southern Arabia.

Geed taagan, oo xooggan oo illaa 1.5 m ah, oo sameeya xidhmooyin ballaadhan; jirriddiisu waa dameeri/cagaar, xaglihiisana waxa si muuqata uga taagan ilko yaryar. Ubaxiisu waa casaan rib ah /bunni ah oo u samaysan sidii rucub wareegsan.

Sabo: Saxare-xigeen dhagax leh, joog ah 100–1000 m.

Filiqsanaan: Afrikada saxaraha ka hooseysa laga bilaabo Jabuuit illaa Moritaaniya, Carabaha koonfureed.

Desmidorchis speciosa Ubaatays

Erect, clump forming plants up to 35 cm, stems grey/green, margins hardening into a light brown ridge with short teeth. Flowers in large terminal balls, dark purple/black with yellow inside.

Habitat: Arid bushland or open Juniper forest, altitude up to 1800 m.

Distribution: Djibouti, Ethiopia, Sudan, Tanzania & Kenya.

Note: Highly toxic.

Geed qotoma, oo si cufan u samaysan oo illaa 35 cm ah, jirrid dameeri/cagaar ah, hareero adag oo bunni khafiifa ah oo leh ilko gaagaaban. Ubax baasha ku leh kubbad ballaad-han, oo ah basali rib ah/madaw oo dhexdiisu tahay huruud.

Sabo: Dhul dhireed qallalan, ama kaymaha furan ee Dayibka, joog ah illaa 1800 m.

Filiqsanaan: Jabuuti, Itoobiya, Suudaan, Tansaaniya iyo Kiiniya.

Fiiro: Aad u sun badan.

Glossonema boveanum Sobkax

Perennial herb up to 15 cm, with white latex. Leaves opposite, with stalks, lower leaves larger than upper ones, margins entire. Flowers in groups of five in the leaf axils; white to cream, petals reflexed. Fruit an inflated follicle.

Habitat: Sand or gravel, altitude up to 1200 m.

Distribution: Djibouti, Eritrea and Ethiopia.

Geed hoosaad gu'yaal jire ah oo illaa 15 cm ah, oo leh dheecaan cad. Caleemo isasoo eegaya, oo leh samay, oo kuwa hoose ay ka ballaadhan yihiin kuwa sare, oo hareeraha ka buuxa. Ubax rucub ah oo Shan ka kooban oo ku yaal ruqurta caleenta; oo caddaan labeena ah, iyo laacayaal soo ceshen. Midho ah kiish ballaadhan.

Sabo: Burciid ama quruurux, joog ah illaa 1200 m.

Filiqsanaan: Jabuuti, Ereteriya iyo Itoobiya.

Glossonema revoilii Sobkax

Perennial herb up to 30 cm, latex white, covered in short white hairs. Leaves opposite with a longish stalk, oval, lower leaves larger than upper leaves; margins entire. Flowers with five reflexed yellow petals and red centres. Fruit solitary inflated follicle with scattered soft spines. Seeds have a tuft of hair at one end.

Habitat: Red sandy or stony soil, altitude up to 1800 m.

Distribution: Ethiopia, Socotra, northern Kenya and northern Tanzania.

Geed hoosaad gu'yaal jire ah oo illaa 30 cm ah, oo dheecaan cad leh, oo dushiisa ay dabooleen timo yaryar oo caddaan ahi. Caleemo iska soo horjeeda oo leh samay dheer, oo qaabka ugxanta ah, oo kuwooda hoose ay ka ballaadhan yihiin kuwa sare; oo hareerahana ka siman. Ubax leh shan laace oo huruud ah oo soo ceshen, oo dhexdiisu casaan tahay. Midho si gooni ah ugu jira kiish fidsan oo sit eel teel ah dusha ugu leh qodxo jilicsan. Iniinyo dacalka ku leh miiq timo ah.

Sabo: Burciid cas ama ciid dhagax leh, joog ah illaa 1800 m.

Filiqsanaan: Itoobiya, Saqadara, Waqooyiga Kiiniya iyo Waqooyiga Tansaaniya.

Gomphocarpus fruticosus Dhufeeco

Short lived shrubby perennial herb up to 2 m, with milky latex. Leaves opposite, lanceolate, pale green. Flowers bi-coloured, dark purple with a pale yellow reflexed corolla, hang in clusters. Fruit ovoid with a long beak, pale green covered in soft prickles. Seeds have a tuft of silky hairs at one end; they aid seed dispersal.

Habitat: Open disturbed areas and on roadside gravel, altitude 400–1800 m.

Distribution: Ethiopia, Djibouti, Sudan, northern Kenya and Uganda, Arabia.

Note: Poisonous to livestock.

Geed gaab cimri gaaban, gu'yaal jire dhir hoosaad ah oo illaa 2 m dhererkiisu gaadho, oo leh dheecaan cad. Caleemo iska soo hor jeed u baxay, oo qaabka soodhka ah, oo cagaar khafiifa ah. Ubax laba midab leh, soosali dukhul ah iyo laacayaal soo godan oo huruud khafiifa ah, kuwaas oo si rucub ah u soo laadlaada. Midho qaabka ugxanta ah oo af dheer leh, cagaar khafiifa ah oo ay dabooleen finan jilicsani. Iniinyo ay ku dhegsan yihiin timo yilix ah oo ka caawiya fiditaanka.

Sabo: Dhul cagta lagu badiyey oo furan iyo quruuruxa waddada dhinaceeda, joog ah 400–1800 m.

Filiqsanaan: Itoobiya Jabuuti, Suudaan, Waqooyiga Kiiniya iyo Ugaandha, Carabaha.

Fiiro: Xooluhu way ku sumoobaan.

Gomphocarpus integer Dhufeeco

Perennial herb, slender and flexible, up to 2 m with white latex. Leaves opposite, linear with entire margins. Flowers white/cream with reflexed petals. Fruit round with a long beak.

Habitat:	Open rocky, often disturbed ground, altitude 700–1700 m.
Distribution:	Djibouti, Ethiopia, northern Kenya and Tanzania.

Geed hoosaad gu'yaal jire ah, dhuuban oo jiljilicsan oo illaa 2 m ah, oo leh dheecaan cad. Caleemo iska soo horjeed u baxay, oo toosan, hareerahana ka buuxa. Ubax cad/labeen ah oo laacayaal godan leh. Midho wareegsan oo af dheer leh.

Sabo:	Meelo dhagaxu ku badan yahay, ee cagta lagu badiyey, joog ah 700–1700 m.
Filiqsanaan:	Jabuuti, Itoobiya, Waqooyiga Kiiniya iyo Tansaaniya.

Pergularia daemia Maran

Scrambling shrub; stems hairy. Leaves broadly oval with a stalk, hairy. Flowers white to pale yellow with stiff hairs on the edges of petals.

Habitat: Dry bushland, altitude 200–1600 m.

Distribution: Widespread across Africa, Arabia to India.

Geed gaab kala baahsan; oo jirridiisu gas leedahay. Caleemo ballaadhan oo qaabka ugxanta ah, oo samay leh, timana leh. Ubax caddaan iyo huruud khafiifa ah, oo timo adag ku leh dacallada laaceyaasha.

Sabo: Dhul dhireed qallalan, joog ah 200–1600 m.

Filiqsanaan: Ku baahsan Afrika oo dhan, Carabaha illaa Hindiya.

Sanguilluma socotrana Gawracato

Clump forming plant growing up to 30 cm high, stems pale green to bluish/green with brown bumps. Flower yellow with red or brown dots, lobes broadly triangular, dark red. Fruit paired follicles with fine silver hair between them.

Habitat:	Deciduous bushland or semi-desert, altitude up to 1500 m.
Distribution:	Socotra, Ethiopia, Kenya.

Geed si cufan u baxa oo dherer ahaan korriinkiisu gaadho illaa 30 cm, Jirridihiisu waa cagaar khafiifa iyo buluug/cagaar oo leh xagtimo cawlaan ah. Ubax huruud ah oo dhibco casaan ama cawlaan ah leh, iyo dibno si ballaadhan saddex geesood u ah, oo casaan dukhula ah. Midho lammaan oo kiish ku jira oo ay u dhaxeeyaan gas fiican oo dhalaalaya.

Sabo:	Kayn dhireed caleenta daadisa, ama saxare-xigeen, joog ah illaa 1500 m.
Filiqsanaan:	Saqadara, Itoobiya, Kiiniya.

Phoenix dactylifera Timir

Tree up to 20 m, trunk erect often surrounded by root suckers; bark leaf scars form a ladder up the trunk. Leaves compound, pinnate, up to 7 m long, stiff. Flowers green/brown or white/yellow, in pendulous clusters. Fruit a single seeded oval berry with thick edible flesh (dates).

Habitat: Hot dry areas with a high water table, widely cultivated for the fruit, altitude up to 1000 m.

Distribution: Tropical Africa, Saharan oases, Arabia to NW India.

Note: Very salt tolerant.

Geed illaa 20 m ah, jirrid taagan oo inta badan ay ku wareegsan yihiin buruuyin; caleemo leh iyo qolof sida sallaanka ugu taxan illaa jirrida sare. Caleemo dhafan, oo illaa 7 m dhereren, oo adag. Ubax laadlaada oo rucub ah oo cagaar/bunni ah, ama caddaan/Hurdi ah. Midho iniinyo-keliyaadle ah, oo qaabka ugxanta ah oo leh cad adag oo la cuni karo (timir).

Sabo: Goob kulul oo qallalan oo biyaha dhulka hoostiisu soo sarreeyaan, inta badan waxa loo beertaa midhaha. Joog ah illaa 1000 m.

Filiqsanaan: Afrikada kulaalaha, Jasiiradaha saxaaraha ah, Carabaha iyo Waqooyi-Galbeed Hindiya.

Fiiro: Aad buu adkaysi ugu leeyahay milixda.

Phoenix reclinata Maydho

Palm, usually in clusters, trunks up to 15 m. Leaves bright green, curved, up to 2.5 m long. Flowers hang down in bunches. Fruit globular, pale yellow to dull red.

Habitat: Near watercourses, altitude up to 600 m.
Distribution: Widespread in tropical Africa.

Calaacal, inta badan rucub ah, jirrid illaa 15 m ah. Caleemo cagaar widhwidhaya ah, soo godan, oo illaa 2.5 m ah dherer ahaan. Ubax soo laadlaada oo xidhmooyin ah. Midho wareegsan, hurdi khafiifa iyo casaan hurda ah.

Sabo: Meel biyo mareen u dhaw, joog dhan illaa 600 m.
Filiqsanaan: Ku baahsan kulaaleyaasha Afrika.

Asphodelus fistulosus Basalle

Annual herb. Leaves arise from the base, slender, hollow, up to 40 cm. Inflorescence grows from the base, up to 70 cm; flowers white, or pink, with a darker mid-rib at least near the top. Fruit a small capsule, wrinkled transversally.

Habitat: Bushland and rocky places, altitude 600–1150 m.

Distribution: Canary Islands, Mediterranean, Eritrea and Arabia.

Gu'jire geed hoosaad ah. Caleemo gunta hoose ka baxay, oo dhuuban, oo daloollo leh, oo illaa 40 cm ah. Ubax ka baxay gunta hoose, oo illaa 70 cm ah; oo Caddaan, ama casuus ah oo ubaxyadiisa leh arooreyaasha madaw ay xagga sare u soo dhaw yihiin. Midho leh dhahaadh yar oo u urursan si gudub ah.

Sabo: Dhul kaymeed iyo goobo dhagaxley ah, joog ah 600–1150 m.

Filiqsanaan: Jasiiradaha Canary, Madhitereeniyanka, Eriteriya iyo Carabaha.

Bulbine abyssinica Bacal dhurwaa

Annual herb. Leaves slender, up to 40 cm. Inflorescence terminal, yellow, many flowered. Fruit a capsule.

Habitat: Rocky ground, altitude 1250–2000 m.

Distribution: Ethiopia to South Africa and Arabia.

Geed hoosaad gu'yaal jire ah. Caleemo dhuudhuuban, oo illaa 40 cm ah. Ubax ku yaal xagga sare, oo hurdi ah oo ubaxyo badan leh. Midho dahaadh leh.

Sabo: Dhul dhagax leh, joog ah 1250–2000 m.

Filiqsanaan: Itoobiya illaa Koonfur Afrika iyo Carabaha.

Doellia bovei Attarbiyood

Perennial herb, up to 40 cm, stems branched from base. Leaves linear with wavy margins. Flowers solitary, pale mauve. Fruit oblong achene with white bristles.

Habitat:	Moist places such as river gorges, altitude 500–1250 m.
Distribution:	Ethiopia, Eritrea, Sudan, Egypt and Arabia.

Gu'yaal jire geed gaab ah, oo illaa 40 cm ah. Jirrida waxay laamuhu kaga yaallaan xagga hoose. Caleemo toosan iyo hareeraha oo sida mawjadda u samaysan. Ubax keligii taagan, oo soosali khafiifa ah. Midho leh iniinyo qallalan oo qaabka laydiga u samaysan iyo xaad caddaan ah.

Sabo:	Meelaha qoyan sida dooxyada, joog ah 500–1250 m.
Filiqsanaan:	Itoobiya, Iriteriya, Suudaan, Masar iyo Carabaha.

Euryops arabicus Midhiiqane, Baynaanis

Small spreading shrub up to 2 m. Leaves dark green, linear, crowded towards the end of the branches pointing up. Flowers in single yellow heads, with a sweet scent. Fruit brown achenes with a tuft of white hair.

Habitat:	In Juniper forest areas, altitude 1000–1800 m.
Distribution:	NE Africa and Arabia.

Geed gaab yar oo filiqsan oo illaa 2 mitir ah. Caleemo ah cagaar rasiin ah, oo toosan, oo ku badan xagga sare ee laanta iyaga oo kor eegaya. Ubax keli u taagan, oo madax hurdi ah leh oo ur fiican. Midho leh iniinyo bunni ah oo leh tuducyo xaad cad ah.

Sabo:	Kaymaha dayibka, joog ah 1000–1800 m.
Filiqsanaan:	Waqooyi-Bari Afrika iyo Carabaha.

Felicia abyssinica Bilcadde

Perennial herb up to 90 cm; base of the stem often black, upper stem white with hairs. Leaves alternate, dense, with entire or minutely serrated margins. Flowers single, erect with white petals forming a ring around the yellow centre. Fruit a hairy brown achene.

Habitat: Eroded limestone grassland and cliffs, altitude 1200–2300 m.

Distribution: Ethiopia, Kenya, Tanzania, Zambia & Arabia.

Geed hoosaad gu'yaaljire ah oo ah illaa 90 cm; Jirrida hoose inta badan madaw tahay, jirridda sarena caddaan gas leh ay tahay. Caleemo si talantaalli ah u samaysan, oo isku dhafan, oo leh hareero sida miishaarta u samaysan. Ubax keligii taagan oo toosan oo laaceyaashiisu ay ku wareegsan yihiin xuddunta hurdiga ah. Midho leh iniinyo bunni ah oo gas leh.

Sabo: Dhul daaqsimeed nabaad guuray oo leh dhagax nuuradeed iyo dhagxaan, joog ah 1200–2300 m.

Filiqsanaan: Itoobiya, Kiiniya, Tansaaniya, Saambiya iyo Carabaha.

Flaveria trinervia Haramashle

Branching annual herb with reddish stems, up to 60 cm. Leaves opposite, lance-shaped with marked veins and serrated margins. Flowers yellow in dense clusters, both terminal and in the leaf axils.

Habitat: Disturbed and waste ground, altitude 300–1350 m.

Distribution: Pan-tropical weed.

Gu'jire geed gaab ah oo laamo badan iyo jirrid casaan ah leh, oo dherer ahaan illaa 60 cm ah. Caleemo isku beegan oo sida waranka u samaysan, arooreyaal muuqda iyo hareero sida miishaarta ah. Ubax hurdi ah oo si cufan iyaga oo koox ah ugu yaalla xagga sare iyo weliba surdhubta caleenta.

Sabo: Dhul cagta lagu badiyey oo wasakhaysan, joog ah 300–1350 m.

Filiqsanaan: Harame ka baxa kulaale-xigeennada.

Iphiona phillipsiae Sukrood

Small compact shrub to 30 cm, hairy. Leaves alternate, fleshy, bright green, hairy and with many glands. Flowers yellow, single. Fruit an achene.

Habitat: Sandy soil, altitude 100–800 m.

Distribution: Endemic to Somaliland.

Geedgaab yar oo isku cufan oo illaa 30 cm ah, oo gas leh. Caleemo talantaalli ah, oo hilboon oo cagaar dhalaalaya ah, isla markaana xaad iyo qanjidho badan leh. Ubax hurdi ah oo keli u taagan. Iyo mdho iniinyo ah.

Sabo: Ciid burciideed, joog ah 100–800 m.

Filiqsanaan: Soomaalilaan gaar u ah.

Kleinia curvata Godor

Spreading shrub, up to 1.2 m with striated stems. Leaves fleshy, flattened, lanceolate. Flowers violet, curved downwards with white hairs. Fruit an achene.

Habitat: Evergreen bushland on limestone, altitude 1700–1900 m.

Distribution: Not known outside Somaliland.

Geedgaab fidsan oo illaa 1.2 m ah, oo leh jirrid sida miishaarta ah. Caleemo hilboon, siman, oo qaabka soodhka ah. Ubax midab ahaan fiyooleet ah oo hoos u qallooca oo leh xaad caddaan ah. Midho iniinyo ah.

Sabo: Kayn cagaaran oo dhagax-nuuradeed leh, joog ah 1700–1900 m.

Filiqsanaan: Soomaalilaan gaar u ah.

Launaea mucronata Burdad

Perennial herb, up to 50 cm. Leaves in a basal rosette, slender, flowering stems may be leafless. Flowers bright yellow, single. Fruit an achene, wrinkled.

Habitat: Open bushland, rocky slopes, often in crevices or under thorny Acacias.

Distribution: Ethiopia, Eritrea Djibouti, northern Kenya.

Geedgaab gu'yaal jire ah oo illaa 50 cm ah. Caleemo gunta hoose si qurxoon ugu yaal, oo dhuuban, iyo jirridda ubaxa oo caleemo la'aan ah. Ubax hurdi dhalaalaya ah, oo keli taagan. Midho iniinyo leh oo liidad leh.

Sabo: Kayn furan, janjeedh dhagxaan leh, inta badan ka baxa jeexjeexyada ama dhirta qodoxda leh hoostooda.

Filiqsanaan: Toobiya, Eriteriya, Jabuuti, Waqooyiga Kiiniya.

Parthenium hysterophorus Keligii noole

Note: This plant is toxic to animals and humans. It releases chemicals that inhibit the growth of other plants and has a deep tap root that is difficult to remove. Recent studies show that it has many potential medical uses.

A fast growing annual up to 1.5 m. Has a strong scent that repels insects. Leaves opposite, pale green, with soft hairs, deeply dissected. Flowers small, white with five distinct corners, in terminal or axillary clusters. Seeds black, wedge-shaped.

Habitat: Disturbed ground and pastures, altitude 500–1500 m.

Distribution: A pan-tropical weed, originally from Central and South America.

Gu'yaal jire dhaqso u baxa, oo illaa 1.5 m ah. Wuxu leeyahay ur xooggan oo cayayaanku ka didaan. Caleemo isasoo eegaya, oo cagaar khafiifa ah, iyo xaad jilicsan oo aad u kala tagsan. Ubax yar oo cad oo leh shan geesood oo qaab kala durugsan ugu kala yaalla baasha sare ama dhinacyada. Midho madaw oo Afar ama Shan ah, iyo iniinyo isku ceshen oo ubax kasta ku yaal.

Sabo: Dhul cagta lagu badiyey iyo dhul daaqsimeed, joog ah 500–1500 m.

Filiqsanaan: Harame ka baxa kulaale-xigeenka, asal ahaan Badhtamaha iyo Koonfurta Maraykanka.

Fiiro: Geedkan waxa ku sumooba xoolaha iyo dadka. Geedku wuxu sii daayaa kiimikooyin xanniba koritaanka dhirta kale, waxa kale oo uu leeyahay xidid-udub oo hoos u qoto dheer oo ay adag tahay in la fujiyo.

Psiadia incana Lul-ka-roone

Shrub up to 3 m, densely branched, stems covered in very small dense white hairs. Leaves alternate, grey/green with entire margins, hairy with dense glands. Flowers single or in groups, cream to pale yellow with a strong smell of vanilla. Fruit a bristly achene.

Habitat: Bushland on limestone, altitude 300–1400 m.

Distribution: Ethiopia and Kenya.

Geedgaab illaa 3 m ah, oo laamo badan, iyo jirrid ay dabooleen timo caddaan ah. Caleemo talantaalli ah, oo midab ahaan dameeri/Cagaar ah, oo gas iyo qanjidho badan. Ubax keli iyo kooxba u baxay, oo sallaxan, hurdi khafiif ah leh iyo ur xooggan oo aan xiiso lahayn. Midho leh iniinyo qallafsan.

Sabo: Kayn leh dhagax-nuuradeed, joog ah 300–1400 m.

Filiqsanaan: Itoobiya iyo Kiiniya.

Psiadia punctulata Weylo-subke

Shrub or woody herb, up to 2 m, much branched. Leaves alternate, often shiny with an exudate, margins entire. Flowers yellow in dense heads. Fruit an achene.

Habitat: Juniper or Buxus associated bushland, altitude 1100–1750 m.

Distribution: From Sudan and Ethiopia to South Africa, Arabia.

Geedgaab ama geed-hoosaad qori leh, oo illaa 2 m ah, oo laamo badan leh. Caleemo talantaalli ah, inta badan widhwidhaya oo xabag leh, iyo hareero siman. Ubax hurdi ah oo leh madaxyo isku dhafan. Midho iniinyo leh.

Sabo: Kayn dhirta dhosoqa iyo dayibku ku badan yahay, Joog ah 1100–1750 m.

Filiqsanaan: Suudaan Iyo Itoobiya illaa Koonfur Afrika, Carabaha.

Solanecio angulatus Dhalool daayeer

Climbing or scrambling perennial herb or sub-shrub; stems several metres long. Leaves alternate, divided, margins entire. Flowers yellow, in clusters. Fruit a black achene with white hairs.

Habitat: Juniper evergreen woodland, altitude 1300–1700 m.

Distribution: Widespread in Africa from Ethiopia to South Africa and Madagascar.

Gu'yaal jire fananaya ama fidsan oo geed hoosaad ama geed gaab ah; jirrid dhawr mitir dhereren. Caleemo talantaalli ah, oo kala qaybsan, hareerahana ka siman. Ubax rucub-curub hurdi ah. Midho leh iniinyo madaw iyo gas caddaan ah.

Sabo: Geed qoryeedka Dayibka ee xilli walba cagaarka ah, joog ah 1300–1700 m.

Filiqsanaan: Ku baahsan Afrika laga soo bilaabo Itoobiya illaa koonfur Afrika iyo Madagasgar.

Verbesina encelioides Geeddagaale

Shrubby herb, up to 1 m; stems hairy. Leaves opposite near base of the plant, alternate higher up, oval with serrated margins. Flowers yellow, single. Fruit a hairy achene.

Habitat: Urban wasteland above 1300 m, common in Hargeysa and Boorama in the rains.

Distribution: Native to North America, now common in many tropical countries.

Geedgaab hoose, oo illaa 1 m ah; oo leh jirrido gas leh. Caleemo isasoo eegaya oo xagga hoose geedka kaga yaal, iyo xagga sare oo ay talantaalli ka yihiin; qaabka ugxanta leh, hareerahana sida miishaarta ka ah. Ubax hurdi ah, oo keli u qotoma. Midho leh iniinyo gas leh.

Sabo: Dhul-qashineedka magaalada, joog ah 1300 m, inta badan laga helo magaalooyinka Hargeysa iyo Boorama xilli roobaadka.

Filiqsanaan: Xero-u-dhalad ka ah Waqooyiga Maraykanka, imika se lagu arko waddamo badan oo kulaaleyaasha ka mid ah.

Xanthium spinosum Harame-warmoole, Warmoole

A dense, much branched annual herb up to 1 m in height and 2 m wide. Leaves are often 3-lobed with the centre lobe larger than the others, hairy, with a conspicuous pale midrib. At the base of the leaves are strong 3-pronged yellow spines, often paired. Flowers inconspicuous, enclosed in a yellowish brown burr. Seeds contained in the burr.

Habitat: Disturbed ground, altitude 800–1500 m.

Distribution: Originally from South America now widely distributed throughout the world.

Note: Toxic to livestock.

Gu'yaal jire geed gaab ah oo cufan oo aad u laamo badan, oo dherer ahaan 1 m ah, ballac ahaanna 2 m ah. Caleemo inta badan 3 carrab leh oo carrabka dhexe ka ballaadhan yahay kuwa kale, oo gas leh, isla markaana leh aroore si fiican u muuqda. Xagga hoose ee caleentana ku leh 3 laamood oo xooggan oo leh ilko hurdi ah, oo inta badan lammaan. Ubaxu aad uma muuqdo, waa se cagaar xigeen isku beddeleya sidii buro hurdi-bunni ah. Iniinyuhu waxay ku dhex jiraan buradaas.

Sabo: Dhul cagta lagu badiyey, joog ah 800–1500 m.

Filiqsanaan: Asal ahaan ka soo jeeda Koonfurta Maraykanka, imikase ku fidaya dunida oo idil.

Fiiro: Xoolaha ayaa ku sumooba.

Xanthium strumarium Galiil, Karis-budeeye

Annual or perennial herb 30–60 cm. Leaves large, triangular, may be lobed. Flowers small, soon concealed in a prickly burr.

Habitat: Waste ground, along roadsides, altitude 1100–1750 m.

Distribution: Cosmopolitan weed.

Gu'jire ama gu'yaal jire geed hoosaad ah oo illaa 30–60 cm ah. Caleemo ballaadhan, saddex-geesood ah, oo laalaaban. Ubax cagaaran, oo koox ahaan qodxo u leh.

Sabo: Dhul cagta lagu badiyey, waddada hareerteeda, joog ah 1100–1750 m.

Filiqsanaan: Harame meelo badan laga helo.

Balanites glabra Kidi

Tree up to 10 m. Evergreen, bark scaly, greyish green with deep fissures, branches drooping with spirally arranged green thorns up to 8 cm long. Leaves grow out of the base of the spines, compound, alternate with two leaflets per leaf. Flowers small, green/yellow in clusters. Fruit oblong with leathery skin, green turning yellow, edible.

Habitat: Mainly in dry sandy soils, altitude up to 1,500 m.

Distribution: Sub-Saharan Africa, Zambia, Zimbabwe and Jordan.

Note: Often planted along banks of irrigation canals as extracts from the bark and fruit kill the snails that carry schistosomiasis.

Geed illaa 10 m ah. Goorwalba cagaarane, jirridiisu qolof leh, oo dambasi-cagaar ah, oo leh jeexjeexyo dhaadheer. Laamo kala fidsan oo leh qodxo wareegsan oo cagaar ah oo illaa 8 cm ah. Caleemo ka baxay gunta hoose ee qodx-aanta, iyaga oo badan, oo talantaalli ah, oo caleentii kasta leedahay laba caleen yaro. Ubax yar, cagaar/hurdi ah oo rucub ah. Midho sida shaxanka laydiga ah u samaysan oo leh dub sida saanta ah, oo ah cagaar hurdi isku beddelaya, oo la cuni karo.

Sabo: Inta badan dhul ciideedka qallalan, joog ah illaa 1,500 m.

Filiqsanaan: Afrikada Saxaraha ka hooseeya, Saambiya, Simbaabwi iyo Urdun.

Fiiro: Inta badan waxa laga beeraa hareeraha marin biyoodyada waraabka, maadaama oo ay jirridiisa iyo midhihiisu ay soo saaraan waxyaabo dilaa u ah alaalaxayda qaadda xanuunka bilhaarsiyada.

*Now included in Zygophyllaceae.

Balanites rotundifolia Kulan

Shrub or tree up to 8 m, usually low and bushy; spines arising above the leaf axil, spines and young stems green. Leaves grow directly on the branches, round, leathery with entire margins. Flowers yellow/green in small clusters on spines or stems. Fruit oval, orange/yellow when mature.

Habitat: Open bushland near the coast, altitude 100–500 m.

Distribution: Djibouti, Ethiopia, Kenya, Uganda.

Geed gaab ama geed illaa 8 m ah, inta badan gaaban oo jiq ah; oo leh qodxo ka soo baxa meel ka sarreysa surdhubta caleenta. Qodxihiisa iyo jirridiisu waa cagaar. Caleemihiisu waxay si toos ah uga baxaan laamaha, iyaga oo wareegsan, oo sida saanta ah, oo hareero siman leh. Ubax hurdi/cagaar ah oo rucubo yaryar ah oo qodxaanta ka baxay ama jirrida. Midho sida ugxanta ah, oo oo ah liimi-hurdi ah marka ay qaangaadhaan.

Sabo: Dhul-kaymeed furan oo u dhaw xeebta, joog ah 100–500 m.

Filiqsanaan: Jabuuti, Itoobiya, Kiiniya, Yugaandha.

*Now included in Zygophyllaceae.

Heliotropium steudneri Baarcad

Herb from 10–100 cm, covered in hairs. Leaves narrow, margins wavy. Flowers in double rows along a curved stalk, white with yellow centre, foul smelling. Fruit a round white berry.

Habitat: Bushland on stony or sandy ground, altitude 10–1680 m.

Distribution: Widespread in tropical Eastern Africa and Arabia.

Geed hoosaad ah 10–100 cm, oo uu gas daboolay. Caleemo dhuudhuuban, iyo dhinacyo sida hirarka ah. Ubaxyo leh laba layn oo ku dhereren samay qalloocda, oo dhexdoodu tahay caddaan iyo huruud, oo leh ur aan fiicnayn. Midho ku dhex jira hilib cad oo wareegsan.

Sabo: Dhul dhireed dhagaxleh ama dhul burciid ah, joog ah illaa 10–1680 m.

Filiqsanaan: Ku baahsan kulaalaha bariga Afrika iyo Carabaha.

Diceratella incana Food-cadde

Perennial herb to 60 cm; covered in white hairs. Leaves alternate, bluish with wavy margins. Fruit cylindrical, with 2 horns. Flowers single, pale mauve to deep violet.

Habitat: Stony ground, altitude 160–1680 m.

Distribution: Southeast Ethiopia, northern Kenya and Socotra.

Geed hoosaad gu'yaal jire ah oo illaa 60 cm ah; oo ay dabooleen gas caddaan ahi. Caleemo talantaalli ah, buluug xigeen ah iyo hareero sida mawjadda ah. Ubax keli baxay oo khafiif iyo fiyoolet rasiina ah. Midho ku jira gal yar.

Sabo: Dhul dhagaxle ah, joog 160–1680 m ah.

Filiqsanaan: Koonfur-Bari Itoobiya, Waqooyiga Kiiniya iyo Saqaddara (Socotra).

Commiphora hodai Xoday

Shrub or tree up to 6 m, spiny on older branches, bark peeling; branchlets reddish brown. Leaves up to 3 together, elliptic with serrated margins. Flowers small with red tube. Fruit oval with a beak.

Habitat: Open bushland, altitude 130–1000 m.

Distribution: Ethiopia.

Geed gaab ama geed illaa 6 m gaadha, oo qodxo ku leh laamaha waaweyn, jirridiisuna qarqarxsan tahay; laamihiisa yaryarina ay cawlaan casaan leh yihiin. Caleemihiisu ay 3 kastaa isku dhegen yihiin, oo gammuuran yihiin, isla markaana leeyihiin dhinacyo sida miishaarta ah. Ubaxyadiisu yaryar yihiin, oo ay leeyihiin tuyuub casaan ah. Midhihiisuna ay qaabka ugxanta yihiin, af dhuubanna leeyihiin.

Sabo: Dhul dhireed furan, joog ah 130–1000 m.

Filiqsanaan: Itoobiya.

Buxus hildebrandtii Dhosoq

Shrub or small tree to 6 m; bark grey. Leaves opposite, dark green, oval with entire margins. Flowers small, greenish in the leaf axils. Fruit a round capsule.

Habitat: In open areas of Juniper forest, altitude 600–2000 m.

Distribution: Eastern Ethiopia and Djibouti.

Geed gaab ama geed yare illaa 6 m ah; jirrid dambasi ah. Caleemo isku beegan, cagaar rasiin ah, oo sida ugxanta u samaysan iyo hareero siman. Ubax yar, cagaar xiga oo ruqurta caleenta ku yaal. Midho gal ama dahaadh ku jira.

Sabo: Meelaha furan ee kaymaha kulanka, joog dhan 600–2000 m.

Filiqsanaan: Bariga Itoobiya iyo Jabuuti.

Opuntia dillenii Tiin Qodaxyare

Shrub up to 3 m tall. Stems divided by flattened, pad-like internodes which are covered with many long spines, margins entire with spines. Flowers yellow or red. Fruit oval, reddish purple, spineless.

Habitat: Very common in open and urban areas throughout Somaliland.

Distribution: Pan-tropical, native to Central America.

Note: Often planted as a living fence in urban and rural areas. Commonly eaten by camels.

Geed hoosaad illaa 3 m dhereran. Jirrid leh xubno sida baabacooyinka u siman oo leh qodxaan dhaadheer, oo hareeraha oo dhan kaga dhegsan. Ubax casaan ama huruud ah. Midho qaabka ugxanta ah, oo midab ahaan soosali casaan xiga ah, oo jilicsan.

Sabo: Wuxu caadi ahaan ka baxaa magaalooyinka Soomaalilaand oo dhan.

Filiqsanaan: Kulaale-xigeennada, dhalasho ahaanna badhtamaha Ameerika.

Fiiro: Badanka waxa loo beertaa deyr ahaan, miyi iyo magaalaba, inta badanna geela ayaa daaqa.

Opuntia stricta Tiin Qodaxbadane

Shrub similar to and often growing with *Opuntia dillenii*. It differs in that the pad-like internodes are bluish-green and contain very few spines, the margins may contain a few spines.

Habitat: Common throughout the country especially in Hargeysa where it provides dry season forage for camels, who prefer it to *Opuntia dillenii* due to the lack of spines.

Geed gaab inta badan la socda oo aan laga garan nooca kale ee qodax-yaraha ah. Wuxu se kaga duwan yahay in xubnihiisa sida baabacooyinka u samaysan ay midab ahaan bulluug-cagaar yihiin, isla markaana leeyihiin qodxo aan badnayn.

Sabo: Guud ahaan dalka oo dhan waa laga helaa gaar ahaan Hargeysa, halkaas oo xilliga abaarta uu geelu daaqo isaga oo ka doorbida nooca kale ee qodxaanta dhaadheer leh.

Filiqsanaan: Kulaaleyaasha, asal ahaan Koonfur-bari Maraykanka illaa Koonfurta Megsiko.

Cadaba farinosa Dhiitacab

Shrub up to 2 m, densely branched with a white powdery covering. Leaves alternate, grey/green, oval with entire margins, covered in white powder. Flowers four green/brown sepals, four pale yellow/pink petals, and long protruding stamens. Fruit cylindrical with a white powdery coating and many seeds.

Habitat: Bushland, dry river beds and semi-desert, altitude up to 1450 m.

Distribution: Tropical Africa, Arabia, Iran and India.

Geed gaab illaa 2 m ah; oo si cidhiidh ah laamaha u bixiya oo dusha uu ka daboolay walax u eeg budo cad. Caleemo talantaalli ah, dameeri/cagaar ah, oo qaabka ugxanta ah oo hareeraha ka siman, oo ay budo caddaan ahi dabooshay. Ubax leh afar laacayaal oo hurdi khafiifa ah, oo ka sarreeya afar ma-laaceyaal oo cagaar/bunni ah oo leh faxal-side dheer oo muuqda. Midho dhululubo ah, leh dahaadh cad oo bido-lamaado ah iyo iniinyo badan.

Sabo: Dhul kayn ah, hareeraha tog qallalan iyo saxare xigeenka, joog ah illaa 1450 m.

Filiqsanaan: Kulaaleyaasha Afrika, Carabaha, Iiraan iyo Hindiya.

Maerua crassifolia Maygaag

Small evergreen tree with flattened or rounded crown, up to 7 m. Leaves spirally arranged in clusters, small, oval. Flowers in small clusters, without petals, numerous long white stamens radiate from backward curving green sepals. Fruit long cylindrical pods constricted between the seeds, brown when ripe.

Habitat: Common in bushland and semi-desert scrub, altitude up to 1500 m.

Distribution: Tropical Africa, Arabia and east to Pakistan.

Geedyare goor walba cagaaran oo illaa 7 m ah, oo leh madax siman ama wareegsan. Caleemo si wareeg ah u samaysan oo koox ah, yar, oo qaabka ugxanta ah. Ubax yar oo koox ah oo aan laacayaal lahayn, iyo faxal sideyaal fara badan oo dhaadheer oo ka soo qotoma xagga danbe iyaga oo ku tiirsan ma-laaceyaasha cagaaran. Midho leh nudo dhaadheer oo wareegsan oo ka soo taagan siidhka dhexdiisa, oo bunni noqda marka ay bislaadaan.

Sabo: Dhul-dhireed iyo saxare xigeen dhir leh, joog illaa 1500 m ah.

Filiqsanaan: Afrikada kulaalaha, Carabaha iyo Bariga Baagistaan.

Cleome brachycarpa Dufanood

Small prostrate herb, stem slender with short, stiff hairs. Leaves with 3 or 5 leaflets with hairs along the margins, the centre leaflet slightly larger than the others. Flowers yellow, petals reflexed with prominent stamens. Fruit a capsule.

Habitat: Dry bushland, semi-desert, altitude up to 1300 m.

Distribution: Djibouti, Ethiopia and west to Mali, also Arabia to Pakistan.

Geedgaab yar oo si fidsan u baxa, jirrid dhuuban oo leh xaad gaaban oo adag. Caleemo saddex-saddex ama shan-shan isku raacsan oo midka dhexda ku taallaa ugu yar weyn tahay, giftinnadana timo ku leedahay. Ubax huruud ah oo ay ka soo qotomaan faxal sideyaal soo taagan. Midho ku jira dahaadh.

Sabo: Dhul-dhireed qallalan, saxare xigeen, joog ahaan illaa 1300 m ah.

Filiqsanaan: Jabuuti, Itoobiya, Galbeedka Maali, sidoo kale Carabaha illaa Baagistaan.

Conocarpus lancifolius Dhamas

Tree up to 10 m, bark fissured. Leaves alternate, lanceolate with entire margins. Flowers creamy white, in open sprays. Fruits brown, cone-like spheres with blobs.

Habitat: Along water courses in semi-desert areas, altitude up to 1400 m.

Distribution: Djibouti, Ethiopia, Kenya and Arabia, often planted in towns, common in Hargeysa.

Note: Timber makes good charcoal. The resin is used medicinally for chest and bowel complaints.

Geed illaa 10 m ah, oo leh jirrid dildillaacsan. Caleemo talantaalli ah, oo qaabka soodhka ah iyo giftinno/hareero siman. Ubax cad oo leh daloollo furan. Midho leh dhibco bunni khafiifa ah iyo nudo yaryar.

Sabo: Biyo mareennada goobaha saxare-u-eekayaasha ah, joog ah illaa 1400 m.

Filiqsanaan: Jabuuti, Itoobiya, Kiiniya, iyo Carabaha, inta badan waxa laga beeraa magaalooyinka, Hargeysana waa ka caadi.

Fiiro: Qorigiisu wuxu sameeyaa dhuxul fiican. Qoloftiisa waxa loo isticmaalaa dawo ahaan gaar ahaan laabta iyo midhicirrada.

Commelina albescens Baar, Xubnoole

Low growing herb, up to 30 cm. Leaves spirally arranged, bluish green, linear with entire margins. Flowers have 2 white or mauve petals with prominent yellow stamens. Fruit a capsule with dusty covering.

Habitat: Rocky bushland, altitude 90–1650 m.

Distribution: Djibouti, Ethiopia, Sudan, Kenya, Tanzania and Arabia.

Geed hoosaad korriinkiisu gaabis yahay oo illaa 30 cm ah. Caleemo si wareeg ah u habaysan, oo buluug-cagaar ah, oo toosan, hareerahana ka siman. Ubax leh 2 laace oo caddaan ah ama soosali ah iyo faxalside hurdi ah oo soo taagan. Midho dahaadh leh oo dusha ku leh wax sida boodhka/dhaska ah.

Sabo: Dhul dhireed dhagax leh, joog ah illaa 90–1650 m.

Filiqsanaan: Jabuuti, Itoobiya, Suudaan, Kiiniya, Tansaaniya iyo Carabaha.

Hildebrandtia somalensis Daanyo

A small shrub from 30 cm to 2 m high, may climb. Leaves oblong with small hairs when young. Flowers mauve within the large calyx. Fruit a capsule with orange to brown seeds.

Habitat: Rocky bushland, altitude, 160–1600 m.

Distribution: Ethiopia and Kenya.

Geed gaab yar oo dherer ahaan 30 cm illaa 2 m ah, oo wax fanta. Caleemo laydi ah oo leh gas yar marka ay cusub yihiin. Ubax soosali ah oo leh mallaacayaal ballaadhan. Midho dahaadh leh oo iniinyihiisu liimi iyo bunni yihiin.

Sabo: Dhul dhireed dhagax leh, joog ah 160–1600 m.

Filiqsanaan: Itoobiya iyo Kiiniya.

Ipomoea cicatricosa Waxaro waalis

Erect shrub up to 2.5 m, young stems with silver hairs, older stems have prominent leaf scars. Leaves simple, alternate, elliptic, rounded at base, with silver hairs beneath, margins entire. Flowers mauve with a darker centre; single or a few together on short stalks. Fruit ovoid, smooth.

Habitat: On rocky slopes or in semi-desert, altitude 100–1680 m.

Distribution: Eastern Ethiopia and northern Kenya.

Geed gaab taagan oo illaa 2.5 m ah; Jirridda cusub leedahay gas widhwidhaya, midka weynina ay leedahay qolfo soo taagan. Caleemo fudud, talantaalli ah, oo gammuuran, oo dhanka hoose ka duuduuban, xagga hoosena ku leh gas widhwidhaya, hareerahana ka siman. Ubax soosali ah, oo badhtanka ka madaw; madi ah marna dhawr midh oojirridda gaaban ka wada baxay ah. Midho qaabka ugxanta ah oo siman.

Sabo: Janjeedh dhagax leh ama saxare-xigeen, joog ah 100–1680 m.

Filiqsanaan: Bariga Itoobiya iyo Waqooyiga Kiiniya.

Ipomoea marmorata Badhi-beeto; Abo-kadhis

Shrub, erect or straggling, up to 1 m. Leaves simple, alternate, oval with entire margins. Flowers solitary in leaf axils, white, tubular with frilly edges, open at night. Fruit an ovoid capsule.

Habitat: Limestone hillsides.

Distribution: Eastern Ethiopia, altitude 1000–1700 m.

Note: Said to be poisonous to sheep, goats and donkeys.

Geed gaab, taagan ama filiqsan, oo ah illaa 1 m. Caleemo fudud, talantaalli ah, qaabka ugxanta ah, oo giftinnada ka siman. Ubax keli ahaan uga qotoma surdhubta caleenta, oo cad, oo sida tuyuubka ah, oo leh giftinno soo urursan, oo habeenkii furma. Midho ku jira gal qaabka ugxanta u eeg.

Sabo: Dhagax nuuradeed buurta hareerteeda.

Filiqsanaan: Soomaalilaan iyo Bariga Itoobiya, joog ah 1000–1700 m.

Fiiro: Waxa la sheegaa in ay ku sumoobaan Adhiga, Riyaha, Iyo Dameeruhu.

Ipomoea sinensis Xadhkaxadhkood

Annual herb, stems prostrate, up to 1 m long. Leaves broadly ovate with a notch at the base. Flowers often white with purple centres, sometimes mauve or pink. Fruit a round capsule.

Habitat: Bushland, often seasonally flooded, altitude 50–1580 m.

Distribution: Eritrea, Ethiopia, Uganda, Kenya, Tanzania, Angola, Namibia and Arabia.

Geed hoosaad gu' jire ah, jirridiisu baahsan tahay, oo illaa 1 m ah dherer ahaan. Caleemo si ballaadhan ugxanta u shabbaha, oo dhanka hoose xarriijimo ku leh. Ubax soosali iyo casuus ah oo inta badan dhexdiisu tahay caddaan uu weheliyo basali. Midho leh gal wareegsan.

Sabo: Dhul dhireed furan, oo inta badan xilli roobaadka daadku maro, joog ah 50–1580 m.

Filiqsanaan: Ereteriya, Itoobiya, Yugaandha, Kiiniya, Tansaaniya, Angoola, Naamiibiya iyo Carabaha.

Juniperus procera Dayib

Tree up to 15 m, bark papery. Leaves on young plants needle-like, in threes with a gland beneath, on older trees, scale-like and opposite. Seeds in black round, somewhat fleshy cones.

Habitat: Evergreen bushland, altitude 1350–2000 m.

Distribution: Djibouti, Ethiopia, Sudan, East Africa and southern Arabia.

Geed illaa 15 m ah, oo leh jirrid dhuuban. Caleemo isasoo eegaya, oo marka uu geedku cusub yahay sida irbadda ah, oo xagga hoose qanjidh ku leh, marka uu geedku weyn yahayna sida jidhifta ah. Midho madaw, oo leh iniinyo wareegsan oo qolof leh.

Sabo: Dhul dhireed cagaar ah, joog ah 1350–2000 m.

Filiqsanaan: Jabuuti, Itoobiya, Suudaan, Bariga Afrika iyo Koonfurta Carabaha.

Citrullus colocynthis Unuun

Trailing perennial herb to 3 m or more with tendrils; roots tuberous. Leaves simple, alternate with 3–5 very deep lobes, hairy, margins very wavy. Flowers single, yellow. Fruit round, green ripening yellow, flesh white, very bitter.

Habitat: Semi-desert bushland, altitude up to 1000 m.

Distribution: Socotra, semi-desert regions of North Africa, Asia and Australia.

Geed hoosaad gu'yaal jire ah oo fidsan oo dherer ahaan illaa 3 m iyo wax ka badan ah, oo leh jirrid; iyo xididdo badhi leh. Caleemo fudud, oo talantaalli ah, gas leh, oo 3–5 qaybood ka kooban, hareerahana ka xardhan. Ubax madi ah, oo hurdi ah. Midho wareegsan, cagaar ah, marka ay bislaadaanna huruud ah, hilib cad leh, oo aad u qadhaadh dhadhan ahaan.

Sabo: Dhul dhireed saxare-xigeen ah, joog ah illaa 1000 m.

Filiqsanaan: Jasiiradda Saqaddara, Saxare xigeenka waqooyiga Afrika, Eeshiya iyo Ustareeliya.

Eleocharis geniculata Qundho

Tufted annual with crowded stems, up to 40 cm. Many thin erect stems and straw coloured leaves. Spikelet almost round with up to 50 flowers, greenish.

Habitat: Swamps and shallow water near sea level up to 1000 m.

Distribution: Pan-tropical.

Gu'yaal jire isku xidhan oo leh jirrid isku cufan, oo illaa 40 cm ah. Jirrido badan oo dhuudhuuban oo taagan iyo caleemo casuus ah. Dhuun wareegsan oo ay ku dul yaallaan qiyaas ahaan 50 ubax ah, oo cagaaran.

Sabo: Biyo qabatinnada iyo meelaha u dhaw ee la siman badda, joog ah illaa 1000 m.

Filiqsanaan: Kulaale xigeennada.

Schoenoplectus subulatus Caws-buqood

Tall perennial, up to 150 cm. Leaf blades short. Inflorescences of spikelets terminal on branches of unequal length, spikelets oval, pale brown. Fruit a nutlet.

Habitat: Temporary pools and river margins.

Distribution: Old World Tropics.

Gu'yaal jire dheer, oo illaa 150 cm ah. Baabacada caleentiisu ay gaaban tahay. Ubaxiisuna uu baallaha ku yaal, iyaga oo ka dul baxay laamo kala dhaadheer, oo cawlaan khafiifa ah. Midho leh miiqyo dun ah.

Sabo: Jidhaamaha qoyan iyo hareeraha dooxyada.

Filiqsanaan: Kulaaleyaasha meelaha qadiimiga ah.

Sansevieria ehrenbergii Xig

Clump forming perennial with aerial stems up to 180 cm. Leaves erect or spreading with flattened sides, back rounded with a triangular channel the whole length and shallow grooves or lines along the sides, tapers into a spine-like tip. Flowers in clusters on a panicle up to 2 m high with many branches.

Habitat: Open bushland, semi-desert, altitude up to 1200 m.

Distribution: Ethiopia, Eritrea, Djibouti, Sudan, Kenya and Tanzania.

Gu'yaal jire illaa 180 cm ah, oo si koox ah u baxa oo leh jirrid kor u baxsan. Caleemo taagan ama fidsan oo u fiiqmaya sida afka qodaxda, oo gadaal ka laalaaban, oo ku taagan dhuun sida saddex xagalka u samaysan oo dhereren dabo iyo dacal iyo xariijimo gaagaaban oo raacsan dhinacyada siman. Ubax rucub ah oo laamo badan oo illaa 2 m dhereren.

Sabo: Dhul dhireed furan, saxare xigeen, joog ah illaa 1200 m.

Filiqsanaan: Itoobiya, Ereteriya, Jabuuti, Suudaan, Kiiniya iyo Tansaaniya.

*Now included in Asparagaceae.

Sanseviera eilensis Xaskul Eyl

Small plant arising from an underground rhizome. Leaves curved, cylindric, light green with grey/green bands with a reddish line along the length of the margins. Flowers in clusters, greenish white.

Habitat: On limestone, altitude 20–1700 m.

Distribution: Not known outside Somaliland and Puntland.

Note: Used as a cure for snake bite.

Geed yar oo ka soo baxsan jirrid carrada ka hoosaysa. Caleemo duuduuban, wareegsan, cagaar khafiifa ah iyo xidhmo dameeri/cagaar ah, iyo xarriijimo casaan ah oo ku dhereren hareeraha caleenta. Ubax rucub ah oo cagaar-caddaan xiga.

Sabo: Dhul dhagax nuuradeed leh, joog ah illaa 20–1700 m.

Filiqsanaan: Laguma oga dhul Soomaalilaan ka baxsan.

Fiiro: Waxa loo isticmaalaa in lagu daweeyo qaniinyada maska.

*Now included in Asparagaceae.

Euphorbia abyssinica Xasaadin

Tree up to 9 m, with a dense, rounded crown of ascending branches, terminal branches angled and constricted into segments, spines becoming corky and forming a ridge along the angles of the branches. Contains a toxic latex. Leaves fall quickly. Flowers golden yellow crowded together at the end of the branches. Fruit a fleshy capsule becoming red then hardening and splitting to release the smooth grey seed.

Habitat: Stony hills, altitude 850–1700 m.

Distribution: Red Sea Hills in Sudan & northern Ethiopia.

Geed illaa 9 m ah, oo leh laamo cufan oo koofiyad duudu-udan oo soo foorarta leh, oo laamaha baalluhuna ay xaglo leeyihiin kana kooban yihiin qaybo; oo qodxuhuna ay madax yeelanayaan iyaga oo ka sii dul baxaya xaglaha laamahaas. Wuxu leeyahay dheecaan sun ah. Caleemuhu si dhakhso ah ayey u daataan. Ubaxiisuna waa dahabi hurdi ah oo iyaga oo isku xoonsan ka baxa dhammaadka laamaha. Midho ku jira dahaadh hilboon oo casaan isku beddelaya, kadibna adkaanaya oo deetana kala baxaya si ay u sii daayaan iniinyo fiican oo dameeri ah.

Sabo: Buur dhagaxley ah, joog ah 850–1700 m.

Filiqsanaan: Buuraha badda cas ee Suudaan illaa Waqooyiga Itoobiya.

Euphorbia indica Geedcaanood

Annual herb, spreading or erect, often tinged with purple. Leaves opposite, ovate. Flowers arising in the leaf axils, white or pink. Fruit a pink capsule with three lobes.

Habitat: Weed of cultivation, altitude sea level to 500 m.

Distribution: Native to India, common in tropical east Africa.

Geed hoosaad gu'yaal jire ah, oo fidsan marna taagan, oo inta badan ku calaamadsan basali. Caleemo isku bee-gan, oo qaabka ugxanta ah. Ubax ka baxay surdhubta caleenta, oo caddaan ama casuus ah. Midho dahaadh casuusa leh oo saddex qaybood ah.

Sabo: Harame dhanka qodaalka ah, joog ah illaa 500 m.

Filiqsanaan: Xero-u-dhalad ka ah Hindiya, Caadi ahaanna lagu arko kulaalaha Bariga Afrika iyo Carabaha.

Euphorbia nubica Ciin

Densely branched, scrambling shrub to 5 m. Stems succulent with dark brown leaf scars. Corrosive milky latex. Leaves very small soon falling. Flowers yellow with stamens exerted. Fruit green/pink, round with 3 lobes, seeds smooth, greyish brown.

Habitat: Common in Hargeysa and on alluvial limestone,

Distribution: Ethiopia, Sudan and Kenya.

Geed gaab si cufan laamo u bixiya oo u fida illaa 5 m, oo dheecaan leh. Jirrid kuusan oo leh caleemo leh jeex-jeexyo cawlaan dukhula ah, iyo dheecaan halis ah oo caano la moodo. Caleemo aad u yar oo dhakhso u daadanaya. Ubaxhuruud ah oo leh faxalside soo muuqda. Midho cagaar/casuus ah, wareegsan oo saddex qaybood ah, iniinyo siman, oo dameeri cawlaan ah.

Sabo: Caadi ka ah Hargeysa iyo suubaanka dhagax nuuradeedka leh.

Filiqsanaan: Itoobiya, Suudaan iyo kiiniya.

Ricinus communis Geedsaliid, Boor *(wild)*

Erect perennial with a woody base and a single hollow stem, up to 2 m. Leaves alternate, glossy green, palmately lobed with serrated margins. Flowers on a terminal spike, red females above and white males below. Fruit round capsule with spines. Flowers, in particular, are much larger and brighter when cultivated than in the wild.

Habitat: Disturbed ground and dry water courses, common in urban areas, altitude up to 1400 m.

Distribution: Native to northeast Africa, now pan-tropical.

Gu'yaal jire qotoma oo leh gun hoose oo qori leh iyo jirrid qudha oo dheer oo illaa 2 m ah. Caleemo talantaalli ah, cagaar dhalaalaya ah, xagga sare ka kala qaybsan, oo hareeraha sida miishaarta ka ah. Ubax dheddiggiisu casaan yahay oo uu ku yaallo xaga sare qaybtiisa lab oo caddaan ahina ku yaallo meel ka hooseysa surdhubta caleenta. Midho ku jira dahaadh goobo ah oo qodxo leh.

Sabo: Dhul cagta lagu badiyey iyo biyo mareennada qallalan, caadi ahaan magaalooyinka, joog ah illaa 1400 m.

Filiqsanaan: Xero-u-dhalad ka ah Afrikada waqooyi bari, imikana kulaale xigeenka.

Ricinus communis Geedsaliid, Boor *(cultivated)*

Note: Cultivated for the oil in the seeds which have numerous medicinal and industrial purposes. The seeds contain the poison ricin which is water soluble, but is not present in the oil.

Fiiro: Waxa loo beertaa si midhihiisa saliid looga tuujiyo, saliiddaas oo dawo ahaan iyo warshadayn kaleba loo adeegsado. Midhaha waxa ku jira sun la yidhaa 'Ricin' oo biyaha ku milanta, laakiin aan ku jirin saliidda lafteeda.

Tragia pungens Gubtahanyo

Sprawling sub-shrub, to 2 m. Leaves alternate, ovate with serrated margins, covered in stinging hairs. Flowers small, brown. Seeds with white spots.

Habitat: Among rocks in open bushland, altitude up to 1500 m.

Distribution: Ethiopia and tropical Arabia.

Geed gaab yar oo baahsan, oo illaa 2 m ah, oo qaybihiisa oo dhan ay dabooleen gas wax gubaya. Caleemo talantaalli u baxay, oo qaabka ugxanta ah oo leh hareero sida miishaarta ah. Ubax yar, oo cagaar ah oo koox ah. Midho leh iniinyo casaan iyo cawlaan khafiifa ah iyo dhibco cadcad.

Sabo: Dhagxaanta dhexdooda ee dhul dhireedka furan, joog ah illaa 1500 m.

Filiqsanaan: Itoobiya iyo kulaaleyaasha Carabaha.

Pyrenacantha malvifolia Mawo

Succulent plant to 1.5 m. Has an irregular swollen tuber up to 1.5 m diameter clinging to rocks. Bark and tuber greyish and papery. Leaves round with palmate venation, shallow lobes, hairy. Flowers very small yellow/green. Fruits globose, hairy, on axillary spike.

Habitat: Rocky, dry hillsides on limestone, altitude 400–1500 m.

Distribution: Ethiopia, Kenya and Tanzania.

Geed qoyan oo illaa 1.5 m ah, oo leh badhi si aan caadi ahayn u buuran oo ku dheggen dhagxaanta. Jirridda iyo badhiduba waa dameeri waana jileec. Caleemihiisu waa goobo leh arooreyaal kala qaybsan, waaxyo gaagaaban iyo gas. Ubax aad u yar oo huruud/ cagaar ah. Midho wareegsan, timo leh oo ku yaalla surdhubta jirridda.

Sabo: Dhul dhagax leh; taagagga qallalan ee dhagax-nuuradeedka, joog ah 400–1500 m.

Filiqsanaan: Itoobiya, Kiiniya iyo Tansaaniya.

Endostemon tenuiflorus Riidho

Perennial woody herb, short lived, up to 30 cm. Leaves opposite, linear with margin almost entire. Flowers white to pink, trumpet shaped with five unequal lobes. Fruit dark brown nutlets.

Habitat: Stoney ground up to 1900 m.

Distribution: East Africa to South Africa and Botswana, Arabia.

Geed hoosaad gu'yaal jire ah oo qori leh, oo cimri gaaban oo illaa 30 cm gaadha. Caleemo isku toosan, oo siman, oo hareeraha ka buuxa. Ubax caddaan iyo casuus ah, oo sida turuumbada muusiga u samaysan oo leh shan waaxood oo kala duduwan. Midho cawlaan riba ah, oo ku dhex jira qolof.

Sabo: Dhul dhagaxleh oo illaa 1900 m ah.

Filiqsanaan: Bariga Afrika illaa Koonfur Afrika iyo Botoswaana, Carabaha.

Leucas jamesii Dhaaya-nuur

Small shrub with thin branches, up to 1.5 m, stems with upturned hairs. Leaves lanceolate, hairy especially on underside, margins entire. Flowers white with two lips, the upper hairy. Fruit nutlets.

Habitat: Deciduous bushland, in rocky soils, altitude 1000–1400 m.

Distribution: Ethiopia and Kenya.

Geed gaab yar oo leh caleemo dhuudhuuban, oo illaa 1.5 m ah, iyo jirrid leh timo kor u taagtaagan. Caleemo qaabka soodhka u samaysan, oo gas ku leh xagga hoose, hareerahana ka siman. Ubax caddaan ah oo leh laba dibnood, oo ta sare gas leedahay. Midho ku jira qolof.

Sabo: Kayn caleemaha daadisa, carro dhagax leh, joog ah illaa 1000–1400 m.

Filiqsanaan: Itoobiya iyo Kiiniya.

Leucas urticifolia Xubnoole

Annual herb, up to 50 cm. Stems with curved hairs. Leaves simple, opposite, oval, hairy below with wavy margins. Flowers white, in round balls. Fruit nutlets, hidden in persistent brown calyces.

Habitat: Deciduous bushland, dry river beds, up to 1400 m.

Distribution: East Africa from Sudan to Kenya, Mauritania, Arabia to India.

Geed hoosaad gu'yaal jire ah, oo illaa 50 cm ah. Jirrid leh timo qallooca. Caleemo fudud, iska soo horjeed u baxay, oo qaabka ugxanta ah, oo xagga hoose gas ku leh, iyo hareero sida hirarka ah. Ubax sida kubbadda u wareegsan oo ubax cad leh. Midho ku jira qolof.

Sabo: Kayn caleenta daadisay, jenbiyada dooxa qallalan, joog ah illaa 1400 m.

Filiqsanaan: Bariga Afrika Suudaan illaa Kiiniya, Murutaaniya, Carabaha illaa Hindiya.

Ocimum nummularia Reexaan

Small shrub up to 30 cm, covered in white hairs. Leaves opposite, oval, with entire margins. Flowers greenish white or pinkish. Fruit smooth, brown nutlets.

Habitat: Bushland, open limestone slopes, altitude 100–1600 m.

Distribution: Known only from Somaliland and Somalia.

Geed gaab yar oo illaa 30 cm ah, oo uu daboolay gas caddaan ahi. Caleemo isasoo eegaya, oo qaabka ugxanta ah, iyo hareero buuxa. Ubax cagaar caddaan ah ama casuus ah. Midho siman oo ku dhex jira qolof cawlan.

Sabo: Dhul dhireed, janjeedhada dhagax nuuradeedka furan; joog ah 100–1600 m.

Filiqsanaan: Waxa lagu og yahay Soomaaliya iyo Soomaalilaan.

Plectranthus otostegioides Dhalool

Fleshy subshrub up to 1.5 m, covered in short hairs, stems may climb. Leaves opposite, simple, oval with wavy margins. Flowers on an erect spike, violet to white with broad lobes. Fruit nutlets.

Habitat: Bushland, altitude 100–1650 m.

Distribution: Ethiopia, Eritrea, Sudan and East Africa.

Geed gaab yar oo hilboon oo illaa 1.5 m ah, oo uu gas yari daboolay, jirridiisuna wax fananayso. Caleemo isku beegan, oo fudud, oo qaabka ugxanta ah, iyo hareero sida mawjadda ah. Ubax leh waran taagan, oo fiyooleet iyo caddaan ah, oo leh waaxyo ballaadhan. Midho qolof ku jira.

Sabo: Dhul kaymeed, joog ah 100–1650 m.

Filiqsanaan: Itoobiya, Ereteriya, Suudaan iyo Bariga Afrika.

Cadia purpurea Salamac

Shrub or small tree up to 5 m. Leaves have up to 50 opposite leaflets with entire margins. Flowers turning from white to red, hanging down on short shoots, fall early. Fruit a straight or faintly curved pod, twisting when it opens.

Habitat: Semi-evergreen bushland, Juniper forest; altitude 400–2100 m.

Distribution: Yemen, Ethiopia, northern Kenya.

Note: Used locally for kidney problems.

Geed gaab ama geed yar oo illaa 5 m ah. Caleemo leh illaa 50 caleemood oo yaryar oo isku beegan, hareera-hana ka buuxa. Ubax hore u dhaca, oo inta uu caddaan ka tago casaan isku beddeleya, oo ka soo laadlaada laamo gaaban. Midho toosan oo si yar jilicsan u gu jira qolof qalloocda, oo marka ay furmayso maroorsamaya.

Sabo: Dhul dhireed goor walba cagaarane xiga, Kaymaha Dayibka; joog ah 400–2100 m.

Filiqsanaan: Yaman, Itoobiya, Waqooyiga Kiiniya.

Fiiro: Dadka guduhu waxay u isticmaalaan xanuunnada kalyaha.

*Also called Fabaceae.

Crotalaria albicaulis Casuuro, Dharjo

Perennial herb up to 1 m, stems white with soft hairs. Leaves long stalked, compound with three leaflets, bluish green, oval with entire margins. Flowers on an erect spike, yellow and purple. Fruit pods.

Habitat: Bushland and disturbed areas, altitude 800–1600 m.

Distribution: Ethiopia.

Geed hoosaad gu'yaal jire ah oo illaa 1 m ah, oo leh jirrid cad oo gas jilicsan leh. Caleemo isku dhafan oo samay dheer ku yaalla, oo middiiba ka sii kooban tahay saddex caleemood oo yaryar, oo buluug cagaar ah, oo qaabka ugxanta u samaysan, dhinacaydana ka dhammaystiran. Ubax ku dul yaalla caaro dhuuban, oo huruud iyo guduud ah. Midho ku dhex jira qolof.

Sabo: Dhul dhireed iyo meelaha cagtu ku badan tahay, joog dhan 800–1600 m.

Filiqsanaan: Itoobiya.

*Also called Fabaceae.

Crotalaria dumosa Nagaadh

Small shrub, up to 50 cm but often much smaller due to grazing. Leaves stalked, compound with three oval leaflets with entire margins. Flowers yellow with dark stripes. Fruit pods.

Habitat: Rocky bushland, altitude up to 1400 m.

Distribution: Ethiopia to northern Kenya and Yemen.

Geed gaab yar oo illaa 50 cm ah, laakiin inta badan aad uga sii yar xoolaha oo aad u daaqa awgeed. Caleemo dhafan, oolaan ku wada yaaloo middiiba saddex caleemood oo yaryar ka sii kooban tahay, oo qaabka ugxanta u samaysan, hareerahana ka dhammaystiran. Ubax huruud ah oo leh xariijimo madaw ah. Midho ku jira qolof.

Sabo: Dhul dhireed dhagaxu ku badan yahay, joog ah illaa 1400 m.

Filiqsanaan: Itoobiya ilaa waqooyiga Kiiniya ilaa Yaman.

Crotalaria saltiana Dharjo

Bushy perennial up to 80 cm, stems white. Leaves stalked, compound with three narrow leaflets. Flowers yellow on an erect spike. Fruit pods.

Habitat: Deciduous scrub and semi-desert areas, altitude up to 1600 m.

Distribution: Djibouti, Ethiopia, Sudan, Kenya, Tanzania and Arabia.

Gu'yaal jire isku cufan oo illaa 80 cm ah, oo jirriddiisu caddaan tahay. Caleemo kakan, oo ka sii kooban caleemo yaryar oo saddex ah oo dhuudhuuban, oo laan yar ku wada yaal. Ubax huruud ah oo ku dul yaalla caaro dhuuban. Midho qolof leh.

Sabo: Kayn caleenta daadisa, iyo dhulalka saxare xigeennada ah, joog ah illaa 1600 m.

Filiqsanaan: Jabuuti, Itoobiya, Suudaan, Kiiniya, Tansaaniya iyo Carabaha.

*Also called Fabaceae.

Delonix elata Lebi

Tree up to 8 m, with round, spreading, crown. Leaves alternate, compound, with up to 12 pairs of leaflets. Flowers large, showy, white with prominent stamens, turning yellow when pollinated. Fruit a flattened oblong pod with an acute tip.

Habitat: On northern slopes of the Golis range; altitude up to 850 m.

Distribution: In hilly country from tropical Africa to India.

Geed illaa 8 m ah, oo si wareegsan kor ugu baxay. Caleemo talantaalli ah, oo kakan, oo kasii kooban illaa 12 caleemo lammaan oo yaryar. Ubax ballaadhan, muuqda, oo leh faxalside cad, oo isku beddelaya huruud marka la bacrimiyo. Midho ku dhex jira qolof siman oo afar dhinac iyo caaro fiiqan leh.

Sabo: Janjeedhka waqooyi ee silsilada Golis; joog ah illaa 850 m.

Filiqsanaan: Dalalka taagaga leh laga bilaabo Afrikada Kulaaleyaasha illaa Hindiya.

*Also called Fabaceae.

Indigofera arabica Jillab

A small prostrate perennial, up to 30 cm; much branched from the base. Leaves in groups of 3–5 leaflets, with silvery hairs. Flowers pink in dense groups. Fruit a flattened pod.

Habitat: Rocky ground, altitude sea level to 1250 m.

Distribution: Ethiopia, Arabia.

Gu'yaal jire yar oo dhulka ku baahsan oo illaa 30 cm ah; oo gunta hoose laamo badan ku leh. Caleemo kooxo 3–5 caleemood oo yaryar ka sii kooban, oo leh timo dhalaalaya. Ubax casuus ah oo ah kooxo isku cufan. Midho ku jira kiish fidsan.

Sabo: Dhul dhagaxleh, joog ah illaa 1250 m.

Filiqsanaan: Itoobiya, Carabaha.

Parkinsonia scioana Sabsabaan, Geed walaayo

Large shrub up to 5 m, with paired spines at the nodes, branches green. Leaves compound with up to 8 paired leaflets, small, fall soon after rain. Flowers yellow with five petals. Fruit a pod constricted between the seeds.

Habitat: Dry bushland, altitude 40–1200 m.

Distribution: Ethiopia and northern Kenya.

Geed gaab ballaadhan oo illaa 5 m ah, oo gummudaha ku leh qodxo lammaan, caleemihiisuna cagaar yihiin. Caleemo kakan oo ka kooban 8 caleemood oo yaryar oo lammmaan, oo xilliga roobka hore ka daata. Ubax huruud ah oo leh shan laaceyaal. Midho ku jira qolof isku haysa iniinyaha.

Sabo: Dhul dhireed qallalan, joog ah 40–1200 m.

Filiqsanaan: Itoobiya iyo Waqooyiga Kiiniya.

*Also called Fabaceae.

Prosopis juliflora Garanwaa, Cali-garoob

Small spreading evergreen tree up to 10 m. May branch from the ground. Bark light brown with spines. Leaves alternate, compound with up to 22 pairs of opposite leaflets, bright green. Flowers small, yellow or white, on a hanging spike. Fruit long bright green pods, may be twisted, hang in clusters.

Habitat: Sand and gravel areas often on waste ground up to 1500 m.

Distribution: Native to Central and South America, now widely distributed in tropical dry and semi-arid areas.

Note: Drought resistant and saline tolerant. Invasive, becoming dominant around the coast and in wadis.

Geed yar baahsan oo goor-walba-cagaarane ah oo illaa 10 m gaadha. Laamaha wuxu kasoo bilaabaa gunta. Jirridiisu waa bunni khafiif ah, oo qodxo leh. Caleemo talantaalli ah, oo kakan, oo kasii kooban 22 lammaane oo iska soo horjeed u baxay, oo cagaar dhalaalaya ah. Ubax yar, huruud iyo caddaan ah, oo hoos u soo laadlaada. Midho ku jira qolof dheer oo c agaar widhwidhaya ah, oo aad mooddo in ay yara maroorto, oo si kooxo ah u soo laadlaada.

Sabo: Meelaha burciidda iyo quruuruxa leh, ee inta badan dhulka qashinka leh, joog ah illaa 1500 m.

Filiqsanaan: Asal ahaan Megsiko, imika se aad ugu faafay kulaaleyaasha qallalan iyo dhulalka |saxare-xigeenka ah.

Fiiro: Waa geed u adkaysta abaaraha iyo milixda, oo si halis ah u faafaya, oo inta badan la wareegay xeebaha iyo dooxyada.

*Also called Fabaceae.

Senegalia senegal Cadaad

Shrub or tree up to 15 m, bark rough and greyish, spines in threes, the central one hooked downwards and the two lateral spines curved upwards. Leaves compound with up to 25 pairs of leaflets. Flowers white or cream in long spikes. Fruit straight pods, yellowish brown, brittle, veined.

Habitat: Dry scrub, altitude up to 1340 m.

Distribution: Common in tropical Africa, Arabia and east to India.

Note: Was formally *Acacia senegalia*.

Geed gaab ama geed dheer oo illaa 15 m gaadha, oo leh jirrid adag oo dameeri ah, iyo qodxo saddex-saddex iskugu yaalla, oo ta dhexe ay hoos u foorarto, labada kale ee dhinacyaduna ay kor u qalloocaan. Caleemo isku xidhan oo ka kooban illaa 25 lammaane oo caleemo yaryar ah. Ubax caddaan ama labeen ah oo leh qodxo dhaadheer. Midho leh qolof toosan, oo bunni-hurdi ah, oo adag, oo liidad leh.

Sabo: Kayn qallalan, joog ah illaa 1340 m.

Filiqsanaan: Caadi ka ah kulaaleyaasha Afrika, Carabaha iyo Bariga illaa Hindiya.

Fiiro: Waxa hore loo odhan jiray *Acacia senegalia*.

*Also called Fabaceae.

Senna bicapsularis Timir Ogaadeen

Spreading shrub, up to 6 m. Leaves alternate, compound with 2–3 paired leaflets, elliptic. Flowers bright yellow arising from the leaf axils. Fruit cylindrical pods.

Habitat: Cultivated as a hedge plant, common along roadsides, altitude up to 1800 m.

Distribution: Native to the West Indies, naturalised in much of Somaliland.

Geed gaab baahsan, oo illaa 6 m ah. Caleemo talantaalli ah, oo isku xidhan oo ka kooban 2–3 lammaane oo caleemo yaryar ah, oo gammuuran. Ubax huruud dhalaalaya ah, oo ka soo baxaya surdhubta caleenta. Midho ku jira qolof laydi ah.

Sabo: Waxa loo beertaa dabayl celin, wuxu caadi ka yahay hareeraha jidadka, joog ah illaa 1800 m.

Filiqsanaan: Asal ahaan Galbeedka Hindiya, wuxu se imika aad dabiici uga noqday Soomaalilaan.

*Also called Fabaceae.

Senna holosericea Jaleelo

Erect or prostrate herb or small shrub. Leaves compound with up to seven pairs of leaflets, greyish, oval with entire margins. Flowers pale yellow with prominent stamens. Fruit a flattened, curved pod.

Habitat: Bushland and semi-desert, often disturbed areas, altitude up to 1650 m.

Distribution: Northern Africa from Senegal to Egypt, Arabia, Israel and Iran.

Geed hoosaad taagan marna baahsan. Caleemo kakan, oo illaa toddoba lammaane oo yaryar ka kooban, oo dameeri ah, qaabka ugxanta ah, hareerahana ka buuxa. Ubax huruud khafiifa ah oo leh faxalside taagan. Midho fidsan, oo ku jira qolof qalloocda.

Sabo: Dhul dhireed iyo saxare-xigeen, inta badan meelaha cagta lagu badiyey, joog ah illaa 1650 m.

Filiqsanaan: Afrikada waqooyiga, Sinigaal illaa Masar, Carabaha, Israa'iil iyo Iiraan.

*Also called Fabaceae.

Vachellia bussei Galool

Tree up to 10 m with flattened crown, often branches from the base; bark rough and vertically fissured. Spines paired, whitish, some with strongly swollen bases. Leaves compound, with 10–18 paired leaflets, very hairy. Flowers yellowish white, in spikes. Fruit narrowly beaked pod with swollen base.

Habitat: Dry scrub land, altitude up to 1500 m.

Distribution: Ethiopia, Kenya and Tanzania.

Note: Makes good charcoal therefore being over harvested. Was formally *Acacia bussei*.

Geed illaa 10 m gaadha, oo dusha ka siman, oo inta badan laamaha ka bixiya xagga hoose; jirrid adag oo taagan u kala jeexan. Qodxo lammaan, oo cad, oo qaarkood badhi kuusan oo adag leeyihiin. Caleemo badan, oo 10–18 caleemood oo lammaane ah yihiin, oo aad u gas badan. Ubax yuuban oo huruud-cadaan ah, oo ku dhegsan laamaha. Midho ku jira qolof dhuuban oo toosan.

Sabo: Dhul dhireedka qallalan, joog ah illaa 1500 m.

Filiqsanaan: Itoobiya, Kiiniya iyo Tansaaniya.

Fiiro: Geedku wuxu leeyahay dhuxul wanaagsan sidaa darteed aad baa loo xaalufiyey.

*Also called Fabaceae.

Vachellia edgeworthii Jeerin

Spreading, often flat-topped shrub usually up to 1 m, spines straight. Leaves compound with up to 22 pairs of leaflets. Flowers white or reddish white in round heads. Fruit pods almost straight, thick and woody, brown.

Habitat: Bushland, semi-desert scrub, altitude up to 1300 m.

Distribution: Ethiopia, northeast Kenya, Socotra and southwest Arabia.

Note: Was formally *Acacia edgeworthii*.

Geed gaab inta badan baahsan oo dusha sare ka siman, oo illaa 1 m gaadha, oo leh qodxo toosan. Caleemo badan oo laantiiba illaa 22 caleemood oo lamaane ah kasii kooban tahay. Ubax caddaan iyo casaan xiga oo madax wareegsan leh. Midho ku jira qolof bunni ah oo toosan, oo adag oo loox aad mooddo.

Sabo: Dhul dhireed, saxare-xigeen qallalan, joog ah illaa 1300 m.

Filiqsanaan: Itoobiya, Waqooyi Bari kiiniya, Saqadara, iyo Koonfurta-Galbeed ee Carabaha.

Fiiro: Geedkan waxa hore loo odhan jiray *Acacia edgeworthii*.

*Also called Fabaceae.

Vachellia etbaica Sogsog, Yubbe

Normally a tree to 12 m, bark rough, spines may be short and hooked or long and straight. Leaves compound with up to 35 pairs of leaflets. Flowers white or cream in round heads. Fruit straight pods which open longitudinally.

Habitat: Bushland, altitude 1000–1800 m.

Distribution: Ethiopia, Eritrea, Sudan, Kenya, Uganda and Tanzania.

Note: Was formally *Acacia etbaica*.

Caadi ahaan geed dheer oo illaa 12 m gaadha, oo jirrid adag, qodxihiisuna ay gaaban yihiin isla markaana godan yihiin, marna dheer yihiin oo toosan yihiin. Caleemo dhafan oo ka kooban illaa 35 lammaane oo yaryar. Ubax cad ama labeen ah oo madax wareegsan leh. Midho ku jira qolof toosan oo u furma si wareeg ah.

Sabo: Dhul dhireed furan, joog ah 1000–1800 m.

Filiqsanaan: Itoobiya, Ereteriya, Suudaan, Kiiniya, Yugaandha iyo Tansaaniya.

Fiiro: Geedka waxa hore loo odhan jiray *Acacia etbaica*.

*Also called Fabaceae.

Vachellia horrida Sarmaan

Shrub up to 3 m, branching from the base, spines may be up to 9 cm long, sometimes swollen at the base. Leaves compound with up to 14 pairs of leaflets. Flowers cream in long spikes. Fruit pods, boat-shaped, purplish brown.

Habitat: Bushland and dry scrub, altitude up to 1000 m.

Distribution: Ethiopia, Sudan, Kenya, Uganda.

Note: Was formally *Acacia horrida*.

Geed gaab illaa 3 m gaadha, oo xagga hoose laamaha ka bixiya, qodxo illas 9 cm gaadha oo leh qodxo gunta ka buuran. Caleemo kakan oo illaa 14 caleemood oo yaryar oo lammaan ka kooban. Ubax labeen ah oo qodax dheer leh. Midho ku jira dahaadh, qaabka doonta u samaysan, oo bunni-basali ah.

Sabo: Dhul dhirleh iyo kayn qallalan, joog ah illaa 1000 m.

Filiqsanaan: Itoobiya, Suudaan, Kiiniya, Yugaandha.

Fiiro: Waxa hore loo odhan jiray *Acacia horrida*.

*Also called Fabaceae.

Vachellia tortilis Qudhac

Small tree mostly with a flat crown. Spines in pairs some short and hooked, others longer and straight. Leaves compound with up to 22 paired leaflets. Flowers whitish round heads. Fruit twisted pods.

Habitat: Dry scrub, altitude up to 1200 m.

Distribution: Egypt to South Africa, Arabia and Israel.

Note: Was formally *Acacia tortilis*.

Geed yar oo inta badan dusha sare ka siman. Qodxo si lammaan u baxay oo qaar gaaban yihiin oo qalloocaan, kuwo kalena dheer yihiin oo toosan yihiin. Caleemo kakan oo midkiiba ka kooban yahay illaa 22 caleemood oo yaryar oo lammaan. Ubax leh madax cad oo wareegsan. Midho ku jira qolof maroorsan.

Sabo: Dhul qallalan, Joog ah illaa 1200 m.

Filiqsanaan: Masar illaa Koonfur Afrika, Carabaha iyo Israa'iil.

Fiiro: Waxa hore loo odhan jiray *Acacia tortilis*.

*Also called Fabaceae.

Craterostigma plantagineum Minjo-dumarley

Small perennial herb with orange roots. Leaves oval in a basal rosette, lower surface hairy. Flowers white with blue on upper and lower lobes. Fruit capsule.

Habitat: Rocky outcrops, altitude 700–1750 m.

Distribution: Throughout Africa, Yemen and India.

Geed hoosaad yar oo gu'yaal jire ah oo leh xidid liimi ah. Caleemo qaabka ugxanta ah, oo xagga hoose gas ku leh. Ubax caddaan iyo buluug ah oo leh waaxyo hoose iyo kuwo sare. Midho dahaadh ku jira.

Sabo: Dhagaxaan soo taagtaagan, joog ah 700–1750 m.

Filiqsanaan: Afrika oo idil, Yaman iyo Hindiya.

Oncocalyx kelleri Dhillawyahan

Parasitic plant; twigs hairy. Leaves alternate, blade fleshy, nearly round, hairy. Flowers clustered in the leaf axils or at older nodes, tubular, red to orange. Fruit a red berry.

Habitat: Mixed dry bushland, often on *Maerua crassifolia*, altitude up to 1400 m.

Distribution: Ethiopia and Kenya to central Tanzania.

Geed dulin ah ama ku dul nool geed kale; laamihiisa yaryari gas leeyihiin. Caleemo talantaalli ah, oo giftin-nadoodu hilboon yihiin, oo in ay wareegsan yihiin la moodo, oo gas leh. Ubax kooxo ah, oo ku yaalla surdhubta caleenta ama gummudaha gaboobay, oo sida tuunbada ah, oo casaan iyo huruud xiga. Midho leh hilib cas.

Sabo: Dhul dhireed noocyo kala duwan ka kooban, oo u badan nooca Maerua crassifolia, joog ah illaa 1400 m.

Filiqsanaan: Itoobiya iyo Kiiniya illaa badhtamaha Tansaaniya.

Plicosepalus acaciae Dhillawyahan

Parasitic plant. Leaves sub-opposite, leathery, blade usually oblong, slightly curved. Flowers usually bright red, curved, tubular. Fruit a red berry.

Habitat: Deciduous bushland, often on *Vachellia* species, altitude up to 1350 m.

Distribution: Ethiopia, Eritrea, Sudan, southern Arabia.

Geed dulin ah oo ku dul nool geed kale. Caleemo sidii wax isku beegan ah, oo harag u eeg, oo qaab shaxan laydi ah u samaysan, oo yara godan. Ubax inta badan casaan dhalaalaya ah, oo godan, oo sida tuunbada ah. Midho leh hilib cas.

Sabo: Dhir caleenta daadisa, oo u badan kuwa qodoxda, joog ah illaa 1350 m.

Filiqsanaan: Itoobiya, Ereteriya, Suudaan, Koonfurta Carabaha.

Abutilon pannosum Balanbaal

Shrubby herb up to 2 m, all parts hairy. Leaves long stalked, broadly round with small serrations on the margins. Flowers single, with five yellow petals in the leaf axils. Fruit in densely packed sections, seeds brown, hairy.

Habitat: In disturbed areas, altitude up to 1400 m.

Distribution: Tropical Africa and Arabia.

Geed gaab hooseeya oo illaa 2 m ah, oo xubnihiisa oo dhan gas ku leh. Caleemo leh qodax dheer, oo si ballaad-han u wareegsan, oo hareeraha aan ka sinnayn. Ubax keli taagan, oo leh shan laace oo huruud ah, oo ku yaalla surdhubta caleenta. Midho si cidhiidhi ah u rasaysan, iyo iniinyo bunni ah, oo gas leh.

Sabo: Meelaha cagta lagu badiyey, joog ah illaa 1400 m.

Filiqsanaan: Afrikada kulaalayaasha iyo Carabaha.

Gossypium somalense Cudbi

Shrub up to 2 m, stems hairy. Leaves simple, alternate, triangular with gland dots on the back. Flowers single, yellow, borne in the leaf axils. Fruit a capsule with 3–4 valves.

Habitat: Sandy bushland, altitude up to 1000 m.

Distribution: Ethiopia, Uganda, Kenya, South Sudan, Chad and Niger.

Geed gaab illaa 2 m gaadha, oo jirriddiisu gas leedahay. Caleemo fudud, oo talantaalli ah, oo saddex geesood ah oo qanjidho dhibco ah dhabarka ku leh. Ubax keli u taagan, oo calool huruud ah leh, oo ka baxay surdhubta caleenta. Midho ku jira qolof oo 3–4 haniyood ah.

Sabo: Kayn burciid leh, joog ah illaa 1000 m.

Filiqsanaan: Itoobiya, Yugaandha, Kiiniya, Koonfurta Suudaan, Jaad iyo Nayjar.

Grewia erythraea Midhcaayo

Compact shrub up to 3 m, branches grey. Leaves alternate, pale green, oval with serrated margins. Flowers arising opposite the leaves, white with five petals bent backwards revealing many stamens. Fruit round, green turning orange/red as it matures.

Habitat: Dry bushland on lava and limestone rocks, altitude up to 1500 m.

Distribution: Ethiopia, Eritrea, Egypt, Sudan, Kenya, Yemen, Oman and Afghanistan.

Geed gaab isku cufan oo illaa 3 m ah, laamihiisuna dameeri yihiin. Caleemo talantaalli ah, cagaar khafiif ah, oo qaabka ugxanta ah, oo leh hareero miishaarta u eeg. Ubax cad oo leh shan laace oo gadaal u liicsan, oo faxalsideyaal isku dheggen leh, oo caleenta ka soo horjeeda. Midho wareegsan, oo marka ay qaangaadhaan cagaar ka tagaya oo huruud/casaan noqonaya.

Sabo: Kayn qallalan oo dhagax nuuradeed iyo mid fulkaane leh, joog ah illaa 1500 m.

Filiqsanaan: Itoobiya, Ereteriya, Suudaan, Kiiniya, Yaman, Cummaan iyo Afgaanistaan.

Hibiscus somalensis Midho-geeljire

Small shrub, up to 50 cm. Stems and leaves hairy. Leaf blades narrowly ovate with serrated margins. Flowers red, in the leaf axils. Fruit a capsule.

Habitat: Deciduous bushland, sandy or rocky ground, altitude 500–1200 m.

Distribution: Ethiopia, Kenya and Arabia.

Geed gaab yar oo illaa 50 cm ah. Oo jirrido iyo caleemaha gas ku leh. Caleentiisa dhuuban ee sida ugxanta ahina ay leedahay hareero sida miishaarta ah. Ubax cas, oo ka baxay surdhubta caleenta. Midho ku jira qolof.

Sabo: Kayn caleemihii qubtay, dhul burciid ama dhagax leh, joog ah 500–1200 m.

Filiqsanaan: Itoobiya, Kiiniya iyo Carabaha.

Hibiscus trionum Haramo-niiti

Annual herb, up to 50 cm, stems hairy. Leaves deeply lobed. Flowers pale yellow, in the leaf axils. Fruit a capsule enclosed by the calyx.

Habitat: Rocky ground, often under thorny plants altitude 1200–1700 m.

Distribution: Djibouti, Ethiopia, Eritrea.

Geed hoosaad gu' jire ah, oo illaa 50 cm ah, oo jirridda gas ku leh. Caleemo si qoto dheer waaxyo u ah. Ubax huruud khafiifa ah, oo surdhubta caleenta ku yaal. Midho qolof leh oo ay malaacayaashu ay dabooleen.

Sabo: Dhul dhagax leh, joog ah 1200–1700 m.

Filiqsanaan: Jabuuti, Itoobiya, Ereteriya.

Azadirachta indica Mirimiri bilaadi

Evergreen tree up to 15 m with a rounded crown. Leaves compound with 8–18 paired, coarsely serrated leaflets. Flowers white in long sprays. Fruit yellow.

Habitat: Common around habitations, altitude sea level to 1400 m.

Distribution: Native to India and Burma, frequently planted in tropical countries.

Note: The wood is hard and used in building. The leaves have many medicinal uses, including as an insect repellent.

Geed goor walba cagaarane ah oo illaa 15 m gaadha, oo figtiisa sare siman tahay. Caleemo kakan oo 8–18 lammaane ka kooban, oo leh hareero sida miishaarta ah. Ubax cad oo leh rucub dhaadheer. Midho huruud ah.

Sabo: Caadi ka ah meelaha la dego, joog ah illaa 1400 m.

Filiqsanaan: Asalkiisu waa Hindiya iyo Burma, waxa se teelteel loogu beeray dalalka kulaaleyaasha.

Fiiro: Qorigiisa oo adag waxa loo adeegsadaa dhisme ahaan, caleemihiisuna waxay leeyihiin faa'idooyin door ah sida in cayayaanka lagu eryo.

Dorstenia foetida Geed-cambaar

A low succulent herb, up to 25 cm, stems swollen and covered in leaf scars. Leaves crowded at the top of the stem, elliptic with wavy margins. Flowers small, sunk into a disc-like receptacle surrounded by leaves. Fruit small, triangular. Seeds ejected explosively.

Habitat: Rocky outcrops in deciduous bushland, altitude 300–1500 m.

Distribution: Sudan, Ethiopia, southern Arabia.

Geed hoosaad gaaban oo kuusan, oo illaa 25 cm ah, oo leh jirrid buuran oo xagtimo badan. Caleemo ku urursan xagga sare ee jirridda, oo gammuuran oo hareero hirar la moodo leh. Ubax yar oo ku dhex libdhay ubax-side saxan la moodo oo ay caleemo ku wareegsan yihiin. Midho yaryar, oo saddex geesood ah. Iniinyo dibadda u soo baxsan.

Sabo: Dhagxaan soo taagan oo ay ka dul baxeen dhirta caleemaha daadiya, joog ah 300–1500 m.

Filiqsanaan: Suudaan, Itoobiya, Koonfurta Carabaha.

Ficus populifolia Nidiq

Tree up to 15 m, trunk up to 1 m in diameter. Leaves alternate with long stalks, heart shaped with white veins and entire margins. Fruit 1 or 2 in the leaf axils.

Habitat: On rocky slopes on deciduous bushland, altitude 400–1200 m.

Distribution: Widespread in tropical Africa, also Arabia.

Geed dheer oo illaa 15 m ah, oo leh jirrid illaa 1 m dhexroorkeedu yahay. Caleemo talantaalli ah, oo samay dheer leh, oo sida wadnaha u samaysan, oo leh aroorayaal cad, dhinacyadana ka siman. Midho 1 ama 2 ka kooban oo surdhubta caleenta ku yaal.

Sabo: Janjeedhada dhagaxa leh ee dhul dhireedka caleemaha daadiya, joog ah 400–1200 m.

Filiqsanaan: Ku baahsan Afrikada kulaaleyaasha, sidoo kale Carabaha.

Ficus salicifolia Dhicir

Small tree up to 8 m, trunk up to 1 m in diameter, grey/brown with milky latex. Leaves alternate, with long stalks, blade is long and slender, lanceolate with entire margins. Fruit in groups along the branches and in leaf axils.

Habitat: On rocky slopes, often growing out of crevices, altitude 500–1200 m.

Distribution: North east Africa to South Africa and Arabia.

Geed yar oo illaa 8 m gaadha, oo dhexroorka jirriddiisa dameeri/bunniga ah ee dheecaanka cad lihi ay illaa 1 m noqoto. Caleemo talantaalli ah, oo samay dheer, oo leh giftin dheer oo dhuuban, oo sida soodhka u samaysan, hareerahana ka siman. Midho koox ah oo ku dhereren laamaha iyo surdhubta caleenta.

Sabo: Janjeedhada dhagaxa ah, laba dhagax dhexdood, joog ah 500–1200 m.

Filiqsanaan: Waqooyi-Bari Afrika illaa Koonfur Afrika iyo Carabaha.

Eucalyptus camaldulensis Baxrasaaf

Tree up to 30 m, bark dark at base, light grey and peeling higher up, branches spreading. Leaves simple, alternate, dull green/grey, drooping and lance-shaped, with entire margins. Flowers white, round, in groups at leaf axils. Fruit clusters of brown capsules.

Habitat: Near water courses and as a street tree, altitude up to 1700 m.

Distribution: Native to Australia, now common throughout the tropics.

Geed illaa 30 m gaadha, jirrid xagga hoose ka madaw, oo leh qolof sare oo dameeri khafiifa ah, iyo laamo fidsan. Caleemo fudud, talantaalli ah, cagaar hurda/dameeri ah, oo soo laalaada, sida soodhka u samaysan, isla markaana dhinacyada ka siman. Ubax caddaan ah, wareegsan, oo si kooxo ah caleenta ugu ag yaal. Midho koox ah oo qolof bunni ah ku jira oo laan qudha ku wada yaal.

Sabo: Meelaha u dhaw marinnada biyaha, sidoo kale hareeraha waddooyinka, joog ah illaa 1700 m.

Filiqsanaan: Asal ahaan Ustaraaliya, Imika se caan ka ah gebi ahaan kulaaleyaasha.

Commicarpus mistus Geed Irmaan

Woody based perennial, up to 70 cm. Leaf blade oval with slightly wavy margins. Flowers mauve or pink in open sprays with sticky glands at the base and protruding stamens.

Habitat: Bushland on limestone, altitude 150–1300 m.

Distribution: Ethiopia and Kenya.

Gu'yaal jire guntiisu loox tahay, oo illaa 70 cm ah. Caleemo qaabka ugxanta ah, oo leh hareero sida hirarka ah. Ubax soosali ah iyo casuus ah oo rucubo ah oo xagga hoose ku leh qanjidho isjiid-jiidanaya, iyo sidoo kale faxalside taagan.

Sabo: Kayn dhagax-nuuradeed leh, joog ah 150–1300 m.

Filiqsanaan: Itoobiya iyo Kiiniya.

Lindenbergia indica Gubtahanyo

Herb up to 60 cm, with hairs. Leaves on stalks, opposite, oval with serrated margins and obvious venation, hairy. Flowers yellow, often with reddish markings, solitary, in the leaf axils, one upper and four lower lobes. Fruit a small capsule.

Habitat: On rocky slopes, along river gorges or against walls, altitude up to 600 m.

Distribution: Egypt, Sudan, Eritrea, Ethiopia, Djibouti, Arabia, Israel and Jordan.

Geed hoosaad illaa 60 cm gaadha, oo gas leh. Caleemo laamaha yar ku yaalla, oo isku qumman, oo qaabka ugxanta u samaysan, oo hareeraha miishaarta uga eeg, oo aroorayaal muuqda leh, isla markaana gas leh. Ubax huruud ah, oo inta badan calaamado cas leh, oo gooni u taagan, oo caleenta ku ag yaal, oo mid sarrayso, afar waaxoodna hooseeyaan. Midho ku dhex jira qolof yar.

Sabo: Janjeedhada dhagaxa leh, dooxyada dhexdooda ama gidaarrada agtooda, joog ah illaa 600 m.

Filiqsanaan: Masar, Suudaan, Ereteriya, Itoobiya, Jabuuti, Carabaha, Israa'iil iyo Urdun.

Orobanche cernua Qoodhewaraabe

Stems up to 40 cm. Leaves scale-like. Inflorescence has many flowers on the stem, whitish with purple tips. Fruit a capsule. Parasitic.

Habitat: Weed of cultivation, mainly on limestone, altitude 1000–1500 m.

Distribution: Ethiopia, Socotra, East Africa, North Africa and, via southern Europe, to India.

Jirrid illaa 40 cm ah. Caleemo sida qolofta oo kale ah iyo ubaxyo farabadan oo ku yaalla jirridda, oo caddaan iyo dhibco basali ah leh. Midho ku jira qolof. Waa geed dulin ah oo dhirta kale ku nool inta badan.

Sabo: Harame ka ah meelaha beeraha ah, ee inta badan dhagax nuuradeedka leh, joogga ah 1000–1500 m.

Filiqsanaan: Itoobiya, Saqaddara, Bariga Afrika, Waqooyiga Afrika illaa Koonfurta Yurub illaa Hindiya.

Pterodiscus kellerianus Dhaban-koolis

Perennial herb up to 45 cm with short woody stems arising from a tuber. Leaves oblong with wavy margins. Flowers funnel shaped, pink. Fruit circular, laterally compressed.

Habitat: Bushland, usually on red sand or alluvium, altitude up to 1000 m.

Distribution: Ethiopia.

Geed hoosaad gu'yaal jire ah oo illaa 45 cm gaadha, oo leh jirrid gaaban oo qori leh oo ka dul baxaysa badhi hoose. Caleemo laydi u samaysan oo leh hareero sida hirarka ah. Ubax sida masafka ah, oo casuus ah. Midho wareegsan, oo si gudban iskugu xidhan.

Sabo: Kayn, inta badan leh burciid cas ama ciid suubaaneed, joog ah illaa 1000 m.

Filiqsanaan: Itoobiya.

Bacopa monnieri Buqojoog

Perennial creeping herb, stems up to 40 cm with 4 angles, much branched. Leaves opposite, attached directly to the stem, oval with entire margins. Flowers single, petals white to blue. Fruit a capsule.

Habitat: Wet marshy places and rock pools; altitude up to 1200 m.

Distribution: Pantropical.

Geed hoosaad gu'yaal jire ah oo qunyar socod ah, oo leh jirrid afar xaglood leh oo illaa 40 cm gaadha, oo aad u laamo badan. Caleemo isku qumman, oo si toos ah jirridda ugu dheggen, oo qaabka ugxanta ah, hareerahana ka siman. Ubax keli ah, oolaacayaashiisu caddaan iyo buluug yihiin. Midho ku jira qolof.

Sabo: Meelaha qoyan iyo biyo qabatinnada dhagaxa leh; joog ah illaa 1200 m.

Filiqsanaan: Kulaale xigeennada.

Limonium axillare Cillaan Dameeraad

Perennial herb or shrublet up to 90 cm. Leaves spirally arranged, flattened, oval, with smooth margins. Flowers small, white to mauve, densely arranged in spikelets on branched stems. Fruit a capsule.

Habitat: Saline areas, altitude up to 130 m.

Distribution: Ethiopia, Eritrea, Djibouti, Kenya, Sudan, Egypt, Arabia and Pakistan.

Geed hoosaad ama geed-yare gu'yaal jire ah oo illaa 90 cm gaadha. Caleemo si wareegsan u baxay, oo dusha ka siman, oo qaabka ugxanta ah oo leh hareero buuxa. Ubax yar, oo caddaan iyo soosali ah, oo si cufan uga kor baxay laamo yaryar oo farraaro badan. Midho ku jira dahaadh.

Sabo: Carrooyinka dhanaan, joog ah illaa 130 m.

Filiqsanaan: Itoobiya, Ereteriya, Jabuuti, Kiiniya, Suudaan, Masar, Carabaha iyo Baagistaan.

Cenchrus pennisetiformis Cagaar, Cagaar-biyood

Dactyloctenium aegyptium Saddexo

Eragrostis barrelieri

Cagaar

Eragrostis cilianensis

Dooyo, Tigaad Cad

Melinis repens
Gordanyo

Pennisetum setaceum
Carrab-jeeb

Odyssea mucronata Afruug, Gubaangub

Rounded spiny bush up to 1.3 m, able to accumulate sand to form mounds up to 5 m high and 2 m across. Leaves very stiff with a strong smell.

Habitat: Coastal sand dunes, altitude up to 200 m.

Distribution: Red Sea coasts of Eritrea, Somaliland, Saudi Arabia, and Yemen..

Geed qodxo badan oo wareegsan oo illaa 1.3 m gaadha, oo adkaysi u leh in ay burciiddu is dul tuusho si ay u sameeyaan taag gaadhaya illaa 5 m oo dherer ah iyo 2 m oo ballac ah. Caleemo aad u qallafsan oo leh ur xooggan.

Sabo: Xeebaha meelaha burciiddu tuulan tahay, joog ah illaa 200 m.

Filiqsanaan: Xeebta Badda Case e Ereteriya, Soomaalilaand, Sacuudi Carabiya, iyo Yemen.

Phragmites karka Alaalo

Perennial grass with stems over 2 m high.

Habitat: Rocky stream beds, altitude up to 1000 m.

Distribution: Tropical Africa, Arabia, Asia and Australasia.

Caws gu'yaal jire ah oo leh jirrid gaadhaysa illaa 2 m oo dherer ah.

Sabo: Hareeraha durdurrada dhagaxa leh, joog ah illaa 1000 m.

Filiqsanaan: Kulaaleyaasha Afrika, Carabaha, Eeshiya iyo Ustaraaliya.

Saccharum ravennae Alaalo

Tufted perennial up to 4.5 m.

Habitat: Along water courses and in swamps, altitude up to 1400 m.

Distribution: Mediterranean region, the Sahara and east to India.

Gu'yaal jire isku cufan oo illaa 4.5 m gaadha.

Sabo: Biyo mareennada hareerahooda iyo meelaha qoyan, joog gaadhaya illaa 1400 m.

Filiqsanaan: Gobolka Midhetereeniyanka, Saxaraha iyo Bariga Hindiya.

Adiantum capillus-veneris Feen

Terrestrial fern. Leaves compound with three leaflets, almost triangular with irregular margins.

Habitat: Growing on rocks with a permanent water supply, altitude 300–2000 m.

Distribution: Widespread in the tropics.

Geed yare carrada ka baxa. Caleemo dhafan oo middiiba saddex yaryar ka sii kooban tahay, oo saddex geesood ah oo leh dhinacyo aan buuxin.

Sabo: Ka dul baxa dhagxaanta iyo meelaha sida joogtada ah biyaha u hela, joog ah 300–2000 m.

Filiqsanaan: Ku baahsan kulaaleyaasha.

Reseda amblycarpa Madax-dhurwaale, Dabayeyle

Erect perennial herb, up to 1 m. Leaves many, linear with entire margins. Flowers along the stalk of an erect spike, pale yellow. Fruit a capsule.

Habitat: Semi-desert open areas, often near habitation, altitude up to 1600 m.

Distribution: Ethiopia, Djibouti, northern Kenya, probably Arabia.

Geed hoosaad yar oo taagan, oo illaa 1 m gaadha. Caleemo badan oo toosan oo hareero siman leh. Ubax ku dul yaalla laamaha yaryar ee taagan, oo huruud khafiifa ah. Midho ku jira dahaadh.

Sabo: Saxare-xigeennada furan, ee inta badan u dhaw deegaannada, joog ah illaa 1600 m.

Filiqsanaan: Itoobiya, Jabuuti, Waqooyiga Kiiniya, Iyo Carabaha.

Ziziphus mauritiana Gob

Tree to 15 m, usually spiny with grey bark. Leaves oval with fine serrations. Flowers white to yellowish in clusters. Fruit a red/yellow crupe.

Habitat: Bushland, often along water courses, altitude up to 1300 m.

Distribution: Djibouti, drier parts of Africa and Asia.

Geed illaa 15 m gaadha, co inta badan qodxo badan iyo jirrid dameeri ah leh. Caleemo qaabka ugxanta ah, oo dacallo sida miishaarta ah leh. Ubax caddaan iyo huruud ah oo koox iskugu xidhan. Midho ku dhex jira cad cas.

Sabo: Dhul kaymeed, inta badan hareeraha biyo mareennada, joog ah illaa 1300 m.

Filiqsanaan: Jabuuti, Meelaha qallalan ee Afrika iyo Eeshiya.

Pentanisia ouranogyne Gerdan-reeb

Perennial herb up to 60 cm, stems with spreading hairs. Leaves opposite, narrow. Flowers bright blue/mauve, in dense heads with five free petals. Fruit a dry round capsule.

Habitat: Evergreen bushland, altitude 1200–1800 m.

Distribution: Ethiopia and East Africa.

Geed hoosaad gu'yaal jire ah oo illaa 60 cm ah, oo leh jirrido timo firidhsan leh. Caleemo isku qumman, oo dhuuban. Ubax dhalaalaya oo buluug/soosali ah, oo leh madaxyo isku cufan iyo shan laace oo kala madax bannaan. Midho ku jira qolof wareegsan oo qallalan.

Sabo: Dhul dhireed goor walba cagaaran, joog ah 1200–1800 m.

Filiqsanaan: Itoobiya iyo Bariga Afrika.

Salvadoraceae

Salvadora persica

Caday, Rumay

An evergreen sprawling shrub up to 2 m high and 6 m wide. Branches tangled, erect or pendulous. Leaves opposite, lance shaped, bright green, leathery with entire margins. Flowers open sprays of small, whitish green flowers. Fruit small, round turning from white to red or dark purple as they mature.

Habitat: Open gravel areas up to 600 m.

Distribution: Widely distributed in Africa, Middle East and Asia.

Geed gaab xilli walba cagaaran oo illaa 2 m dhererkiisu gaadho, ballaciisuna 6 m. laamo isku marmaran, oo taagan marna soo laadlaada. Caleemo isku qumman, oo qaabka soodhka ah oo cagaar dhalaalaya ah, oo saan la moodo, iyo hareero siman. Ubax leh liidad furan oo yaryar, oo cagaar iyo caddaan ah. Midho yaryar oo wareegsan oo caddaan ah marka ay weynaadaanna isku beddelaya casaan ama soosali dukhul ah.

Sabo: Dhul quruurux leh oo furan, joog ah illaa 600 m.

Filiqsanaan: Si weyn ugu baahsan Afrika, Bariga dhexe iyo Eeshiya.

Sapindaceae

Dodonaea viscosa

Xayramad

Erect evergreen shrub or small tree, up to 2 m. Leaves alternate, dark green glossy lance-shaped with entire margins, point upwards. Flowers red, clustered in the leaf axils. Fruit showy capsule with red or yellow papery wings.

Habitat: In woodland above 800 m.

Distribution: Native to Australia, now pan-tropical, often cultivated as an ornamental.

Geed gaab goor walba cagaaran oo taagan, oo illaa 2 m gaadha. Caleemo talantaalli ah, oo cagaar dukhula oo dhalaalaya ah, oo qaabka soodhka u samaysan, oo hareeraha ka dhammaystiran, korna u jeeda. Ubax rucub cas ah oo ka baxay surdhubta caleenta. Midho ku jira dahaadh qurxoon oo leh baalal yaryar oo casaan iyo huruud ah.

Sabo: Dhul geed-qori leh, joog ah illaa 800 m.

Filiqsanaan: Asal ahaan ka soo jeeda Ustaraaliya laakiin imika kulaaleyaasha looga beerto qurux ahaan.

Datura innoxia Booc Madow

Perennial herb up to 1 m, slightly hairy. Leaves alternate, ovate with wavy margins. Flowers white/cream trumpets which open in the evening. Fruit round or ovoid with many slender prickles.

Habitat: Disturbed ground, altitude 100–1500 m

Distribution: Native to the Americas; now a pantropical weed.

Geed hoosaad gu'yaal jire ah oo illaa 1 m gaadha, oo gas yar leh. Caleemo talantaalli ah, oo qaabka ugxanta ah, oo leh hareero sida hirarka ah. Ubax caddaan/labeen ah oo sida turumbada muusiga u samaysan oo galabtii furma. Midho wareegsan oo qaabka ugxanta ah oo leh finan yaryar oo badan.

Sabo: Dhul cagta lagu badiyey, joog ah 100–1500 m.

Filiqsanaan: Asal ka ah maraykanka; imika se harame ka ah kulaale xigeennada.

Lycium shawii Surad

Dense shrub up to 2.5 m with thorns on the stems. Leaves narrow in alternate clusters along the branches. Flowers white or blue, trumpet shaped. Fruit a round red berry.

Habitat: Common in bushland, altitude up to 1800 m.

Distribution: Ethiopia, Egypt, Sudan and Arabia.

Geed gaab isku cufan oo illaa 2.5 m gaadha oo jirridda qodxo ku leh. Caleemo dhuudhuuban oo si talantaalli ah iyaga oo kooxo ah uga baxay laamaha. Ubax caddaan iyo buluug ah oo u eeg turuumbada muusiga. Midho wareegsan oo ah cad cas.

Sabo: Caadi ka ah kaymaha, joog ah illaa 1800 m.

Filiqsanaan: Itoobiya, Masar, Suudaan iyo Carabaha.

Solanum somalense Kariir

Shrub, up to 1.5 m. Leaves alternate with a short stalk, blade elliptic, slightly leathery with entire margins. Flowers mauve or white with floppy petals. Fruit a round berry, green turning yellow.

Habitat: Bushland, very common, altitude up to 1800 m.

Distribution: Ethiopia and Kenya.

Geed gaab, illaa 1.5 m ah. Caleemo talantaalli ah oo leh samay gaaban, iyo baabaco gammuuran, oo saan u yara eeg, hareerahana ka siman Ubax soosali ah ama caddaan ah oo leh laaceyaal dabacsan. Midho cad wareegsan ah, oo cagaar inta ay ka tagaan huruud isku beddelaya.

Sabo: Inta badan caadi ka ah dhul dhireedka, joog ah illaa 1800 m.

Filiqsanaan: Itoobiya iyo Kiiniya.

Withania sphaerocarpa Geed Laan, Guryofan

Sub-shrub, prostrate with long ascending stems covered in grey hairs. Leaves alternate, oblong with entire margins, hairy on both sides. Flowers single in the leaf axils, yellow/green with five lobes. Fruit an orange/red berry surrounded by a papery calyx.

Habitat: Open ground, often along roadsides, altitude 750–1500 m.

Distribution: Ethiopia.

Geed gaab xigeen, dhulka la siman, oo leh jirrid dheer oo kor u jeedda oo uu qariyey gas dameeri ah. Caleem talantaalli ah, oo laydi ah, oo hareeraha ka siman, oo labada dhanba gas ku leh. Ubax si keligii ah uga baxaysurdhubta caleenta, oo huruud/cagaar ah oo ka kooban shan waaxood. Midho liimi/casaan ah oo ay ku wareegsan yihiin malaaceyaal khafiif ahi.

Sabo: Dhul furan, inta badan ku dhereren jidka, joog ah 750–1500 m.

Filiqsanaan: Itoobiya.

Tamarix senegalensis Dhuur

Shrub or tree up to 10 m. Branches green with scale-like leaves. Flowers in sprays at the ends of branches, white to pink.

Habitat: Along seasonal streams and rivers in deciduous bushland and scrub, up to 1000 m.

Distribution: Djibouti, Kenya, Tanzania, Egypt, Sudan, coastal West Africa and Arabia.

Geed gaab marna geed dheer oo illaa 10 m gaadha. Laamo cagaar ah oo leh caleemo miisaanka u eeg. Ubax tiixtiix leh oo ku yaalla laanta dhammaadkeeda, oo caddaan iyo casuus ah.

Sabo: Hareeraha marin biyoodyada ay ku yaallaan dhirta caleenta daadisa, joog ah illaa 1000 m.

Filiqsanaan: Jabuuti, Kiiniya, Tansaaniya, Masar, Suudaan, Xeebta Galbeedka Afrika iyo Carabah.

Gnidia somalensis Finkadhijis

Shrublet up to 80 cm with dense silky hairs. Leaves arranged spirally, simple, linear with entire margins. Flowers orange, yellow or red in dense heads.

Habitat: Dry rocky places usually on limestone. Altitude, 900–1800 m.

Distribution: Ethiopia and Yemen.

Geed gaab yar oo illaa 80 cm gaadha, oo leh gas cufan oo yilix ah. Caleemo si wareeg ah u baxay, oo fudud, oo toosan, oo hareeraha ka siman. Ubax liimi, huruud iyo casaan ah oo leh madax isku cufan.

Sabo: Dhagaxleyda qallalan inta badan carrada dhagax nuuradeedka leh, joog ah 900–1800 m.

Filiqsanaan: Itoobiya iyo Yaman.

Lantana camara Lugtoolle

Shrub up to 2 m, usually with recurved prickles on the stems. Leaves opposite, oval with toothed margins, rough. Flowers in dense flat heads, orange, yellow, pink or white. Fruit a round, black drupe.

Habitat: An escaped ornamental, often used in fencing, altitude up to 1000 m.

Distribution: Pan-tropical, probably originally from the Caribbean.

Geed gaab illaa 2 m gaadha, oo leh jirridda ku leh ilko yaryar oo dib u qallooca. Caleemo qummaati isku ah, oo qaabka ugxanta ah, oo hareeraha ku leh ilko yaryar. Ubax leh madax siman oo isku cufan, oo liimi, guduud iyo caddaan ah. Midho wareegsan oo ku dhex jira cad yar oo madaw.

Sabo: Geed quruxeed firdhad ah, oo inta badan loo isticmaalo deyr ahaan. Joog ah illaa 1000 m.

Filiqsanaan: Kulaale-xigeennada; waxa la maleeyaa in uu asalkiisu ka soo jeedo Karriibiyenka.

Hybanthus enneaspermus Dindin

Annual or perennial herb. Leaves alternate, with linear blades and entire margins. Flowers solitary in the leaf axils; Petals violet, pink or white with the lower one much larger. Fruit a smooth capsule.

Habitat: Bushland, rocky areas around cultivation, altitude to 1500 m.

Distribution: Widespread in Africa, also in Arabia and Asia.

Geed hoosaad gu'yaal jire ah. Caleemo talantaalli u baxay, oo leh baabbaco toosan iyo dhinacyada oo siman. Ubax keligii ka baxay surdhubta caleenta; laaceyaal basali, guduud iyo caddaan ah oo qaybta hoose aad u ballaadhan tahay. Midho ku dhex jira qolof siman.

Sabo: Dhul dhireed, meel dhagaxu ku badan yahay oo u dhaw dhul beereed, joog ah illaa 1500 m.

Filiqsanaan: Ku baahsan Afrika, Carabaha iyo Eeshiya.

Cissus rotundifolia Carmo

Woody climber up to 10 m. Leaves simple, alternate, succulent with wavy margins, young leaves folded and reddish inside. Flowers opposite leaves, sprays, greenish/yellow. Fruit oval, reddish.

Habitat: Woodland scrub, altitude up to 1500 m.

Distribution: Djibouti, Arabia, Eritrea, Ethiopia to South Africa.

Geed qori wax fananaaya, oo illaa 10 m gaadha. Caleemo fudud, talantaalli ah, kuusan oo leh hareero sida hirarka ah, oo kuwooda cusub ay isku laaban yihiin oo dhexda casaan ka yihiin. Ubax barbar leh, oo cagaar/huruud ah, oo ku yaalla gummudaha iska soo horjeeda ee caleemaha. Midho sida ugxanta u samaysan, oo casaan ah.

Sabo: Kayn geed-qorigu ku badan yahay, joog ah illaa 1500 m.

Filiqsanaan: Jabuuti, Carabaha, Ereteriya, Itoobiya iyo Koonfur Afrika.

Fagonia indica Gorayo-kaga-xaaris

Low growing woody perennial, stems branching with a longitudinal groove; spines shorter or longer than the leaves. Leaves opposite, small, oval, bluish with entire margins, in groups of three at the base and single towards the top of the stems. Flowers mauve, solitary with five free petals and prominent yellow stamens, fragrant. Fruit onion shaped capsule, hairy.

Habitat: Open rocky ground, altitude up to 1500 m.

Distribution: Arabia and east to India.

Gu'yaal jire geed-qori ah, oo aan hore u korin. Jirriddiisu waxay laamaha u bixisaa qaab gudban. Caleemo isku qumman, yaryar, qaabka ugxanta ah, buluug xiga, oo hareeraha ka siman, oo xagga hoose ee jirridda saddex-saddex uga baxa, xagga sarena mid-mid. Ubax soosali ah, oo keli-keli ah, oo leh shan laace oo kala madax bannaan iyo faxal side huruud ah oo kor u soo taagan, oo udgoon. Midho ku jira qolof qaabka basasha u samaysan, oo gas leh.

Sabo: Dhul dhagaxleh oo furan, joog ah illaa 1500 m.

Filiqsanaan: Carabaha iyo Bariga Hindiya.

Tribulus terrestris Gocondho

Woody prostrate perennial with branching stems, hairy, up to 50 cm. Leaves opposite, compound with up to seven pairs of oblong leaflets. Flowers solitary, pale yellow with five free petals on stalks arising from the nodes. Fruit has five segments, each with four distinct spines, hairy.

Habitat: Sandy areas, usually near habitation, altitude sea level to 1200 m.

Distribution: Pan-tropical weed.

Geed-qori gu'yaal jire ah oo taagan oo leh jirrid laamo badan, oo gas badan, oo illaa 50 cm gaadha. Caleemo isku qumman, oo cufan, oo caleentiiba ka kooban tahay illaa toddoba yaryar mataano ah. Ubax keli keli u baxay, oo huruud khafiifa ah, oo leh Shan laace oo kala madax bannaan oo meel ku wada yaal. Midho Shan waaxood u qaybsan, oo middiiba ay afar qodxood oo gaar ah leedahay iyo gas.

Sabo: Meelaha burciidda leh, inta badan goobaha la deggen yahay, joog gaadhaya illaa 1200 m.

Filiqsanaan: Harame ka baxa kulaale xigeennada.

References *Tixraac*

Awale. A.I. (2010). *Environment in Crisis.* Ponte Invisible, Pisa, Italy.

Barkhadle, A.M.I. (1990). *Somali Plant Names Dictionary.* Florence, Italy.

Drake-Brockman, R.E. (1912). *British Somaliland.* Hurst & Blackett, London.

Glover, P.E. (1947). *A provisional check-list of British and Italian Somaliland trees, shrubs and herbs.* Crown Agents for the Colonies, London.

Hadden, R.L. (2007). *The Geology of Somalia: A selected Bibliography of Somalian Geology, Geography and Earth Science.* Topographic Engineering Center, US Army Corps of Engineers.

Hemming, C.F. (1966). *The vegetation of the northern region of the Somali Republic.* Proceedings of The Linnean Society, London.

Mahony, D. (1990). *Trees of Somalia: A Field Guide for Development Workers.* Oxfam, Oxford.

Swayne, F. (1907). *A Woman's Pleasure Trip in Somaliland.* John Wright & Co, Bristol.

Thulin, M. (1993–2009). Editor: *Flora of Somalia*. Volumes 1–4. Royal Botanic Gardens, Kew, London.

United Nations Population Fund. (2014). *Population Estimates Survey 2014 Somalia.* UNFPA, Somalia Country Office, Nairobi.

Websites:

African Plants Database (Geneva):
https://africanplantdatabase.ch

Plants of the World Online:
https://powo.science.kew.org

World Flora Online:
http://www.worldfloraonline.org

Glossary *Erayfur*

Achene A small dry thin walled fruit with one seed.

Alternate Leaves singly on the stem, not paired or whorled

Annual A plant that completes its life cycle in one year or one growing season.

Ascending Directed upwards at an oblique angle.

Axil/axillary The angle between the stem and leaf from which buds of new leaves or inflorescences grow.

Basal Originating at the base.

Beak A pointed projection.

Berry A fleshy fruit with the seed(s) immersed in pulp.

Blade The expanded part of the leaf usually attached to the stem by a short stalk.

Bract A modified leaf attached below a flower, often brightly coloured.

Calyx The outer whorl of floral parts, usually green, that protect the flower bud.

Capsule A dry, splitting fruit with two or more seed-containing compartments.

Compound leaf A leaf divided into a number of smaller leaflets (opposite of a 'simple leaf').

Corolla A collective term for petals which may be free or fused into a tube.

Cosmopolitan Worldwide distribution.

Deciduous Shedding leaves and/or other organs annually.

Elliptic A leaf shape that is much longer than it is wide.

Endemic Restricted to a specific area – not occurring elsewhere.

Entire Leaf margins without any breaks, teeth or serrations.

Epiphyte A plant growing on another plant but not using the host plant for food.

Follicle A dry fruit with only one seed compartment splitting along the suture.

Gland A small superficial organ that secretes oils and other substances.

Herbaceous Not woody; mainly small annual or perennial plants.

Indehiscent Not splitting open at maturity (fruit).

Inflorescence A cluster of flowers.

Latex A fluid produced by certain plants, which contains various substances such as alkaloids, minerals, etc.

Leaflet A leaf-like segment of a compound leaf.

Lip A single petal that is distinct from, and often larger than, the other petals, giving a flower a characteristic form.

Lobe(d) A division of a leaf or other structure, generally rounded.

Native Belonging to a region through natural circumstances (not introduced).

Naturalised Introduced into a region and subsequently surviving naturally.

Node Point of attachment of leaves to the stem.

Nutlet A small nut.

Opposite With leaves arranged as pairs on opposite sides of the stem, arising from the same node.

Orbicular Round.

Ovoid Egg-shaped.

Palmate (Leaves) With four or more leaflets arising from a single point. (Veins) Several equally prominent veins branching out from the base of a leaf blade.

Parasitic Deriving nutrients from another plant.

Pendent Hanging down.

Perennial A plant with an indefinite life span, taking more than a year to grow and which flowers for a long period of time..

Pinnate With two rows of leaflets, one along either side of a mid-rib, feather-like.

Pod A dry splitting fruit, opening along two sutures.

Prickle A sharp pointed outgrowth from the superficial tissues of the stem.

Prostrate A plant that grows closely along the ground.

Recurved Curved backwards.

Reflexed Bent backwards.

Resin A sticky, often fragrant substance that is insoluble in water, secreted by specialised cells.

Rhizome An underground stem that grows horizontally.

Rosette A tight spiral of basal leaves.

Sap The juice of a plant.

Scale A reduced leaf.

Sepal A segment of the calyx.

Serrate With a saw-toothed margin.

Shrub A perennial woody plant with several main stems.

Simple leaf A leaf with a single blade arising from a petiole.

Species A group of plants of constant distinctive characteristics. Linnaean unit of classification.

Spike Flowers arranged on a central stem without stalks.

Spine A hard sharp modified leaf without leaf or flower scars.

Stamen The male part of a flower consisting of stalk (filament) and anther.

Stem The main supporting axis of a plant.

Succulent A plant with fleshy leaves.

Tendril A thread-like structure that grasps other plants or objects for support.

Terminal At the end of a stem or at the extreme top.

Thorn A short pointed branch.

Tree A perennial woody plant, at least 2 m tall, with a main trunk.

Trifoliate With three leaves.

Tuber An underground stem or root that is often swollen with food reserves.

Tubular Cylindrical or hollow.

Venation Arrangement of veins in a leaf.

Whorled A circular arrangement of leaves with more than two to a node.

Index (Somali name) *Tuse* (Magac-Soomaali)

Index *(Scientific names)* *Tuse* *Magac-cilmiyeed*

Appendix/Ladh

Scientific names, unlike local names, are understood throughout the world. They make sharing plant information across national boundaries possible. The difficulty is that scientific names are intended to reflect relationships among species, but research may show the implied relationships are incorrect. Such research may lead to changes in a species' name or family membership; it does not affect local names.

This appendix lists the species in this book together their current name and family as recommended by *Plants of the World Online* (POWO; https://powo.science.kew.org/). It was developed on March 11, 2023. The date is important because further research may lead POWO to change what it recommends. The changed names are listed in **blue** on the opposite page 143. Page numbers are for accounts in the body of the book.

Magacyada cilmiga ah, si ka duwan kuwa xero-dhaladka ah, waa qaar laga fahmo adduunka dhammaantii. Waxa ay fududeeyaan xogaha dhirta wadaajintooda. Dhibta se jirtaa waa in kuwa cilmiga ah loogu talo galay in ay muujiyaan xidhiidhada ka dhexeeyaa dhirta, haseyeeshee waayo'aragnimada cilmi waxa ay inna bartay in xidhiidh-ka-dhexaysiintaasi mararka qaar god seegto. Haddaba, cilmi-baadhista joogtada ahi waxa ay ka dhigtay in doorsoon ku yimaaddo geed magacii ama qoyskiisaba, waa se mid aan raadayn ku yeelan magacyada xero-dhaladka ah.

Ladhkani waxa uu taxayaa dhiroonka ku guda jira buuggan magacyadooda iyo qoysaskooda iyada oo la raacayo *Plants of the World Online* (POWO; https://powo.science.kew.org/). Waxana la dejiyay 11 Maars, 2023. Taariikhdani mudnaanteeda ayay leedahay waayo cilmi-baadhisyo dambe waxa ay dhalin karaan isbeddello kale oo ay soo jeediso POWO. Magacyada hoose kuwa isbeddelku ku yimid waa kuwa midabka ciroodka ah leh, waxa sidoo kale raacsan tirada bogga ay buugga kaga yaallaan.

Family changes

Changes in the names of species

Notes/Fiiro

Notes/Fiiro

Notes/Fiiro